雨洪管理街道设计指南

美国国家城市交通官员协会 著

杨 雪 刘德聚 译

宋 昆 张 涛 审校

江苏凤凰科学技术出版社

图书在版编目（CIP）数据

雨洪管理街道设计指南/美国国家城市交通官员协
会著；杨雪，刘德聚译. -- 南京：江苏凤凰科学技术
出版社，2019.4

ISBN 978-7-5713-0146-0

Ⅰ. ①雨… Ⅱ. ①美… ②杨… ③刘… Ⅲ. ①城市－
暴雨洪水－雨水资源－水资源管理－指南 ②城市道路－城
市规划－建筑设计－指南 Ⅳ. ①TV213.4-62
②TU984.191-62

中国版本图书馆CIP数据核字(2019)第032932号

江苏省版权局著作权合同登记号: 10-2018-299

雨洪管理街道设计指南

著　　　者	美国国家城市交通官员协会
译　　　者	杨　雪　刘德聚
审　　　校	宋　昆　张　涛
项 目 策 划	凤凰空间／张晓菲　庞　冬
责 任 编 辑	刘屹立　赵　研
特 约 编 辑	庞　冬

出 版 发 行	江苏凤凰科学技术出版社
出版社地址	南京市湖南路1号A楼，邮编：210009
出版社网址	http://www.pspress.cn
总　经　销	天津凤凰空间文化传媒有限公司
总经销网址	http://www.ifengspace.cn
印　　　刷	广州市番禺艺彩印刷联合有限公司

开　　　本	889 mm×1 194 mm　1／16
印　　　张	11
版　　　次	2019年4月第1版
印　　　次	2019年4月第1次印刷

标 准 书 号	ISBN 978-7-5713-0146-0
定　　　价	188.00元（精）

图书如有印装质量问题，可随时向销售部调换（电话：022-87893668）。

NACTO 美国国家城市交通官员协会

前 言

水是资源，不是问题

斯科特·库布里
美国国家城市交通官员协会副主席，西雅图交通部

长期以来，城市中的水资源有很大一部分被浪费。在对城市雨洪加强相应的"管理"时，街道对雨洪回流至地表却起到了反作用。与高速公路无法解决交通拥堵的现象一样，仅通过增加传统雨洪搜集系统容量的办法，经证明在经济效益和生态层面上鲜有效果。频繁而剧烈的暴风雨、热浪和干旱等环境变化给防洪、水质提升以及弹性城区的建设带来了巨大压力。

面对这些严峻的挑战，我们必须提高自然资源的利用率。交通的机动性和雨洪管理均植根于城市街道的空间环境，因此必须在有限的时间内做出孰重孰轻的决策。应当将破坏地表水文的沥青和混凝土街道、人行道等替换为可持续的雨洪设施。抛开对街道空间的竞争，城市交通部门与水资源管理部门需要密切协作，以便找到雨洪的价值并将生态学理念引入城市生活。

在西雅图，我们已经了解那些沿用自然雨洪搜集方案的街道，街道使城市空间变得更美好、更有弹性。绿色雨洪基础设施的投资在提供更健康的水循环系统的同时，强调路权的街道系统，为步行、自行车骑行以及公共空间的开发保留了更多余地。得益于西雅图交通部与公共设施部的密切协作，我们在提高公共路权方面投入了更多精力。"绿色街道"的相关内容被编入城市用地规划，并要求私人开发商在项目设计中必须融入雨洪基础设施系统。2007年颁布的《完整街道条例》，要求西雅图交通部将绿色雨洪基础设施纳入所有基础工程项目。这两项管理措施使单调的功能性绿色街道焕发了更多生机。

玛密·哈拉
总经理兼CEO，西雅图公共设施部

在雨洪利用的道路上我们并不孤独，美国其他城市都在通过部门间的协作、制订整体方案等方式，推广绿色街道设计的实践。从费城的《绿色城市、清洁水域计划》到丹佛的《终极城市绿色基础设施指南》，再到波特兰的《灰色转绿色倡议书》，我们看到人们在街道基础设施方面对雨洪可持续管理所做的努力。

《雨洪管理街道设计指南》总结了这些地方的经验并使其成为国家可持续设计层面的有益资源。全美范围内的城市交通专家和雨洪专家通力合作，向人们呈现了这本适合各种街道尺度、集雨洪管理技术与多模式交通于一体的通用型设计指南。

从安全岛中的植草沟到缩短过街距离的雨洪路缘扩展带，再到透水铺装的安全自行车道，我们能够也必须将公共财产用在"刀刃"上，以确保建造高标准的基础设施。《雨洪管理街道设计指南》提供了有效的工具，帮助我们重新认识水的价值，并进行更高水平的城市设计。

斯科特·库布里　玛密·哈拉

关于本指南

《雨洪管理街道设计指南》旨在将极具价值的生态过程再度引入城市街道生活。如今，越来越多的城市重新将人类生活和栖息的街道空间作为议题，并做长远规划，以应对环境变化。本指南为现有以及新建的基础设施在管理降水和融入生态系统方面提供了一个新范本。在美国国家城市交通官员协会城市水资源管理办公室、交通部门和公共工程部门的密切协作下，本指南将为实践者、决策者、提倡者以及其他利益相关者提供重新将水与街道紧密联系在一起的方案。

如何使用本指南

目的和初衷

本指南针对城市街道绿色雨洪基础设施的规划设计提供了指导，在不影响街道人居环境质量和通勤能力的前提下，减少了设计与施工过程对雨洪径流的影响，以及人类活动对自然生态循环的影响。此外，指南中还包含了其他设计指导、城市案例、城市环境实践项目、设计评估以及专业评论等方面的内容。这些内容及相关的设计要素均来自北美街道实践项目，并在全美相关领域专家和实践者的合作下形成了最终目录。

框架

为了方便读者查阅，本指南采用了非线性目录。各章节内部的对照检索、与标题相关的内容列表以及附录等，方便读者对相关内容形成更深刻、透彻的认识。

指南通篇详述了"雨洪街道"和"雨洪要素"的内容，并对一些地表以下的设计和情况配以图解。

本指南的大部分章节包含以下三个层面的内容：

◇必须采纳的关键性要素。

◇具备较强附加价值的建议性要素。其中，大多数尺度和参数根据实际情况而有所变化，有些预估值仅供参考，并不符合通用标准。

◇根据不同城市的具体情况，仅具备一定附加价值的选择性要素。

注意：某些章节仅包含一般性论述，并未提及关键性、建议性或选择性的观点。

尺度指导包含多个层次，是针对实际街道的特定需求和限制而确定。

◇最小尺度适用于街道几何形态受限的情况。有些雨洪设施会在空间中受限，对现有街道进行改造时可以使用最小尺度。

◇最小预期尺度为一般活动提供基本的功能空间。在空间的使用上推荐那些功能强大且便于维护的宽裕尺度，最小预期尺度可以作为推荐尺度的最低标准。

◇推荐尺度在大多数情况下能够为项目提供合适的定位和功能。提供一系列尺度时，应根据位置、所在环境和当地经验选择合适的尺度。在某些情况下，如转弯半径超过推荐尺度是不太安全的。如果在本指南中存在未能考虑到的因素，可根据实际情况选择比推荐尺度更合适的更大或更小的尺度。

◇最大尺度通常指机动车的交通设施。超出最大尺度可能产生安全隐患，应仔细参考所在环境的现实条件。

指南背景

本指南重点关注城市街道和道路红线范围内的绿色雨洪基础设施设计，不涉及私人财产的绿色雨洪管理策略，如屋顶、停车位，也不涉及有管制入口的高速公路的排水和渗透。

本指南力求成为搭建交通、公共服务以及水资源等相关部门之间沟通的桥梁，并平衡多模式交通和环境之间的关系。无论使用者的年龄和能力，指南力求满足所有使用者的需求。一些特殊情况下，例如，临时靠边停车、装卸货物，以及中高流量的人行道和自行车道，均应纳入考量范围。行人和人行道在所有情况下必须作为"优先事项"予以充分考虑。

关于步行、自行车骑行及公交换乘等街道安全性设计补充内容，读者可参考美国国家城市交通官员协会的其他出版物，如：

◇《城市街道设计指南》。

◇《城市自行车道设计指南》。

◇《公共交通街道设计指南》。

◇《全球街道设计指南》。

本指南所述的相关举措必须依据实际情况"量身定制"。美国国家城市交通官员协会提倡对所有案例做出施工评价，评价的决议应以书面形式完整地呈现出来。为了提供更详细的帮助，指南中列出了相关参考文献和注释。

目　录

宾夕法尼亚州费城，费尔山大街和第三大街

1 作为生态系统的街道

绿色街道的设计原理

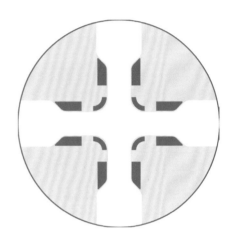

自然资源的保护和修复

对于拥有60%以上不透水地面的城市环境来讲，雨洪的收集、过滤和渗透显得十分重要。可持续性的雨洪基础设施可以对收集的水进行污染物过滤，并对水系统的自然循环过程进行修复，以保护水资源。[1]绿色基础设施不仅能提升空气质量、缓解城市热岛效应，还可以满足多样性物种对栖息环境的需求，例如，鸟类和昆虫生存的小型湿地，以及吸收雨洪径流的大型水体。

促进人类栖息地健康、公平地发展

绿色街道空间不仅是公共空间的重要组成部分，也是良好城市设计的必备内容。在城市街道中融入绿色元素，与优质的空气、树荫、景观等近距离接触，能够使人的身心更加健康，同时突破传统公园的诸多局限。此外，绿色雨洪基础设施的普及还能帮助那些长期受空气和水污染困扰、缺少绿色空间的社区重获新生。

为安全性和机动性而设计

那些建设了绿色基础设施的街道改建项目，需要在全市范围内交通的安全性与机动性方面做出努力。当涉及行人和自行车交通时，路缘石和整个街道空间应做出相应的让步。绿色基础设施可以与其他街道设计项目相结合，共同实现包括公交换乘以及安全移动在内的街道改造目标，提升城市项目的价值。

生命周期的设计

作为一种城市财产,绿色雨洪基础设施能够为城市带来可观的经济收益。雨洪管理策略在编制和执行阶段应考虑整个生命周期的盈亏,包括潜在的环境变化和特殊的暴风雨天气。恰当的设计、运行以及维护措施,能够在一定程度上延长废水处理系统、地面铺装等基础设施的使用寿命。

弹性设计

如今,许多城市面临着越来越频繁的暴风雨和干旱天气,可持续性的雨洪管理在改善气候环境方面起到了关键作用。在建筑环境中融入自然系统,有助于增强城市弹性,并促进整个生态系统的健康发展。

性能优化

绿色雨洪基础设施是一个网络系统,应根据所在地的实际情况做出相应的调整。绿色雨洪系统设计应考虑许多因素,例如,地形和微气候的基本情况、可用的空间范围、可达性等人性化需求,以及适当的雨水渗透容量等。绿色雨洪系统将街道与自然水循环系统链接在一起,进而使城市与自然实现了互利共赢。

作为生态系统的街道

如今，重新定义城市街道的时机已经成熟，街道既可以作为机动交通廊道或公共空间，也是自然生态系统的重要组成部分。再城市化、基础设施老化以及环境变化等现象，使可持续性的雨洪管理成为弹性城市的一项核心议题。

传统意义上的街道大多是在土地上加盖一层不透水铺装。不透水铺装不仅会影响地表径流的循环，还容易造成地表土质与水质下降，此外，传统的雨洪基础设施需要高昂的管理和维护费用。如今，城市不是被强降雨频繁侵袭，就是经历长时间的干旱，街道的雨洪设计迫在眉睫。

雨洪街道系统可以将降雨与城市环境重新联系起来。理念前卫的规划师、工程师和设计师将街道视作整个城市生态组织的一部分，并将绿色基础设施和公共交通设施相结合，从而营造更安全、更具人性化的步行和自行车骑行空间。基于生态理念的街道设计，有助于在整体层面提升城市的弹性、可持续性以及宜居性。

雨洪管理的重要性

水定义了城市。水道划定了城市的边界，促进了城市发展，也为城市居民和建筑环境提供了赖以生存的资源。然而，城市的发展常常忽略了水的作用，城市管理者甚至耗费巨资修建人造工程，将雨洪及其所属的自然生态系统隔离在城市之外。

过去，人们将雨洪视为废料，雨洪管理意味着尽快将降雨的积水排放掉。在这种理念下，人们修建了许多造价昂贵的"灰水"基础设施：混凝土和金属管道、排水沟、水槽，以及在二次排放前储存和净化雨洪的污水处理厂。在一些城市，强降雨使城市排水系统不堪重负，污水四溢，溢出的污水流入清洁的江河；城市中的洪涝灾害给居民生活和商业运营等活动造成了负面影响。放眼其他城市，许多地区的污水基础设施要么欠缺维护，要么即将报废，但替换这些老旧的基础设施是一项劳民伤财的大工程。[2]

这种功能单一且效率低下的雨洪管理系统应该退出历史的舞台。在城镇化进程中，为了妥善解决持续的强降雨和干旱给城市带来的各种问题，城市管理者也应转变传统的思维模式，将雨洪视为极具价值的资源，而非需要管理的废料。

华盛顿州西雅图

绿色雨洪基础设施（Green Stormwater Infrastructure，以下简称"GSI"）重新将生态系统引入建成环境。土壤—水—植被系统包括：生物滞留池、植草沟、雨洪树以及透水铺装等。这些设施在雨洪和污水系统之间形成了一道屏障。在这个过程中，一部分水流入地下，一部分水蒸发，还有一部分水会被暂时储存下来，并通过排水系统缓慢流出。GSI有助于减少流入污水系统的水量，保持天然水质并降低发生洪灾的可能性，同时取代传统污水基础设施，延长街道、排水等基础设施的使用寿命。更重要的是，GSI有助于缓解交通压力并美化城市景观。弹性城市景观设计的核心是公共路权，引入绿色雨洪管理将对公共路权产生积极的影响。

传统基础设施的成本高昂

2010年，纽约市政府预计，如果单独对市域内的传统污水排放系统进行升级，将在未来20年内花掉超过68亿美元的财政预算。然而，如果将传统的中水设施与绿色雨洪策略相结合，可减少15亿美元的财政支出。[3]

暴雨带来的经济损失

2016年全美由于暴雨造成的经济损失超过了10亿美元。[4]

公共健康的风险

据统计，全美860个城市，约4000万人使用合流制排水系统。[5]暴雨和洪水造成基础设施瘫痪，使未经处理的污水流入当地供水系统，对当地公共健康和环境造成了严重威胁。

城市洪涝的流行

暴雨导致居住区和商圈面临洪涝风险，给城市居民的生命和财产造成了巨大损失。伊利诺斯库克县的调查结果显示，城市中的洪涝具有长期性、系统性等特点；每次洪涝灾害可造成平均6000美元的损失，87%的被调查者经历了多次洪涝灾害。[6]除了损毁建筑，洪水也会破坏街道设施，为交通安全带来隐患。

风暴潮的频率

气候变化会导致气温升高和海平面上升，造成越来越频繁的风暴潮，威胁城市低洼地区。在许多沿海城市，未来每十年就可能会出现一次"百年一遇"的风暴潮。[7]

街道的作用

城市急需可持续性的雨洪管理措施。

在现代城市中，混凝土和沥青随处可见，特别是城镇化水平较高的地区，超过60%的地面都是不透水的硬质铺装。[8]落在屋顶、街道和停车场的雨水无法渗入地下，最终汇聚成城市雨洪，携带着地面上的油污、重金属和细菌等有害物质，流入下水道等排水设施，最终污染本地水源。

在许多城市中，街道占所有土地总量的比例超过1/3，占不透水地面的一半。

城市中的街道属于过渡空间，城市路网是维系社会、经济以及空间活动的重要系统。雨洪街道设计可以为落入城市的雨水提供一套完整的输送系统。街道本身具备一定的雨洪收集与排放功能，能将雨水收集并注入作为城市生态系统的街道，并且可以在生态、经济、公共健康等方面产生积极的影响。

街道阻碍了水的自然循环，却给雨洪管理带来了机遇。从道路设计到施工，从运营到管理维护，再到授权，政府相关机构控制了所有公共路权。政府部门之间的合作不仅能保证雨洪收集和储存项目的顺利实施，还能实现雨洪街道设计过程中潜在的健康、安全和道路机动性等方面的效益。综合设计策略在对水质实施监控的同时，还能在缓解交通拥堵，保障行人与自行车的通行安全，以及城市绿化与美化、空气质量、公共卫生、社会公平与社区建设等方面起到积极的作用。

以机动车交通为导向的城市道路通常有大面积未充分利用且不透水的硬质地面。纽约州纽约

临时改造项目可以将可移动的临时性绿色景观植入城市空间，以提升环境质量，并通过与当地部门合作，进行日常维护。纽约州纽约

政府投资的改造项目涉及排水系统、公共空间、景观小品、永久性植被等，在这个过程中，城市交通部门、公共设施管理部门密切协作，共同参与项目的设计、实施和管理。纽约州纽约

完善的街道：绿色街道

易受洪水侵扰的街道并不完善。人行道、自行车道和公交换乘站是最容易受到洪灾影响的街道元素。绿色街道设计有助于雨洪控制和管理，是街道设计的重要组成部分，保证了街道在暴雨条件下对所有人的安全性和实用性，无论其模式如何。

同时，这项措施还考虑了雨洪对多方式出行的影响、绿色街道的投资潜力，以及可能引发的公共空间使用者在经济、社会和环境等方面的利益变化。

街道的使用者	使用者的担忧	GSI的解决方案及优势
1 **行人**	» 路面积水受道路坡度、铺装品质以及雨水排放系统的影响，会在交叉路口和斜坡等区域形成障碍，对行人造成负面影响。 » 大量且湍急的地表径流会使步行受阻，降低步行的舒适度。 » 短时间内大量汇聚的降水会形成湍急的水流，给行人带来安全隐患。	» 绿植和树木，特别是提供树荫遮挡的植被，能够为行人营造舒适的环境，降低噪声，并提高空气质量。 » 绿色基础设施可以用来稳静交通，并提高街道的安全性。 » 高品质的公共空间有利于人们的身心健康，为营造美好、和谐、具有凝聚力的社区创造条件。
2 **公交乘客**	» 使用公共交通工具的人群在换乘公交车时转为步行，水坑或积水会对在公交车站或停靠站等候的乘客（尤其是残疾人）造成负面影响。 » 停靠站的顶棚遮挡和绿植等设施保证了乘客的舒适度，因此舒适度是停靠站设计的一个重要指标。	» GSI可与登车岛等交通设施相结合，以改善公交车站附近的自然排水，并提高乘客的舒适度。 » 站点顶棚的遮阴设计应结合植被遮阴设计。
3 **自行车骑行者**	» 路面积水易对自行车骑行者造成安全隐患。 » 湿滑的地面会影响骑行，甚至迫使有骑行计划的人选择其他交通方式。 » 雨洪基础设施设计细节的关键是安全性，放置不当的排水栅格可能会给骑行者带来安全隐患，导致轮胎打滑或卡在栅格里。	» 绿色基础设施可以与自行车道结合设计，以改善排水系统，并提高在各种规模风雨期间或之后骑行的舒适度。 » 自行车道可利用透水铺装快速排干雨水。 » 自行车道两旁可栽种植被，以提高骑行的舒适度。
4 **机动车驾驶员**	» 在积水过多、过深的街道上，机动车可能无法通行。路面积水易带来安全隐患，包括溅起的水花、水面反光等视线干扰，以及驾驶员为躲避积水而突然变道的行为。 » 街道积水还会影响需要临时停靠进行货物装卸的车辆。	» 快速排干路面的积水，保证交通安全、畅通。 » 设计并配置具有生态环境敏感性的绿色基础设施，并通过实施GSI来改变道路现状，降低车行速度，并提升道路的可视性。需要注意的是，极端天气条件下行车或夜间行车易出现事故，与雨洪设施发生碰撞的可能性也更高，而这些设施的修复费用通常十分高昂。

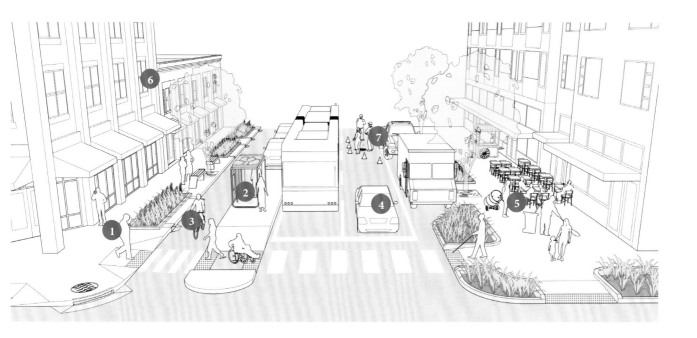

街道的使用者	使用者的担忧	GSI的解决方案及优势
⑤ **商业从业者**	» 街道的安全性对商业从业者十分重要，使用自行车、摩托车、手推车、汽车等交通工具，或者步行的快递员、邮递员也需要安全地穿越街边路缘，到达目的地。 » 物流是城市商业的重要环节，街道上的积水可能会对物流造成一定的经济损失，在街道设计中应予以重视。	» 城市商业区及其中的店铺运营依靠良好的街道环境，以保证行人、顾客和快递员舒适、安全地到达每一个店铺。 » 绿色基础设施有利于提高街道的舒适度，有植被、雨洪树和绿色基础设施的街道会更具吸引力，从而确保沿街店铺获得可观的经济效益。
⑥ **居民**	» 低效的街道雨洪管理会使居民住所被洪水浸淹，不但给业主造成经济损失，还将提高保险费率。 » 频繁遭受洪水侵袭的房屋，价值将大打折扣，且潮湿的环境会引发居民呼吸系统疾病，对健康造成负面影响。 » 城市水景是居民休闲娱乐的重要场所，如果河流、湖泊和溪流的水质不佳，会给公共卫生和居民健康带来隐患，并限制了滨水娱乐的机会。	» 现有的绿色基础设施可视为业主的资产。设计得当的GSI可以和城市污水处理系统协同工作，降低房屋被洪水侵袭的可能性。[9] » 街道上的绿植和景观能够提升固定资产（房屋）的经济价值。[10] » 绿色基础设施可以与已有的私人设施相结合，将地表径流引入附近的生物滞留池。 » 通过建筑和构筑物收集起来的雨水可以存入生物滞留池。
⑦ **维护人员**	» 维护部门应对街道的排水系统、地下管网等设施进行日常或紧急维护。 » 地面铺装的分隔会影响排水效果和可达性。 » 冬日的降雪清除和储雪会影响街道的运营。	» 在设计时应考虑绿色基础设施后期的维护，工作人员必须及时维修或替换设施中损毁的部分。 » 针对绿色基础设施的规划设计，应考虑现有以及规划中的地下管网系统。 » 条状绿植空间可用于冬季储雪。

伊利诺伊州芝加哥，劳伦斯大街

2 雨洪规划

可持续性的雨洪网络	023

加利福尼亚州帕索罗布，第二十一街

可持续性的雨洪网络

可持续性的雨洪管理旨在协调自然水循环与人类土地利用和发展之间的关系。在美国，城市的雨洪管理策略通常受到联邦法规、现有排水设施以及区域气候和生态环境的共同制约。规划和策略取决于街道形态，其中交通与市政基础设施在争夺空间，各区域法规又影响了各自的发展模式。

为了确保 GSI 的顺利实施，生态城市设计应具备一定的协调能力，并从大局出发，兼顾活跃的交通网络与雨洪网络布局的总体规划有助于城市和街道焕发生机。

设定雨洪管理目标

城市的雨洪管理目标通常与《清洁水法》对水质的要求密不可分。城市雨洪管理的目标和策略根据各地区地下管网系统的类型和容量、局部洪水的风险评估以及国家污染物排放标准等方面的不同情况而有所差异。

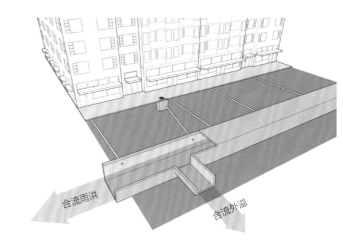

合流制排水系统

城市的雨洪排放和废水排放共用一条管道，这种模式称为合流制排水系统。合流制排水系统在老城区十分普遍，而新城区则很少使用。

合流制排水系统一般与污水处理厂衔接，并将经过处理的水排入相应的蓄水水域。城市遭遇强降雨时，合流制排水系统会严重超载，一旦水流超过整个系统的承载能力，这些未经处理的混合水便会溢出系统，并直接流入蓄水水域，这种现象称为"合流外溢"。

根据美国环境保护署（EPA）的规定，各地区的合流外溢排放次数和地点有所不同。一些合流外溢排放阀值超出EPA标准的地区，正在利用生物滞留设施和其他绿色雨洪基础设施，将超出标准的雨水径流量降低至标准范围内，以减少合流外溢的频率和体量。

分流制排水系统（MS4）

根据当前的污水排放设施要求，雨洪的收集和排放管线必须与污水排放管线进行分离。在分流制排水系统中，雨洪通常稍加处理，甚至不加处理，便排入蓄水水体。

大多数美国城市都在执行分流制排水系统的相关标准，该标准要求新开发项目或改造项目在建造雨水排放系统之前必须增设水质处理设施，同时对现有场地和街道进行改造，以减少雨水径流量。

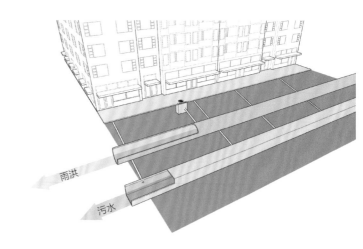

GSI 在有效控制成本的同时，可满足相关政策的要求，并产生新的生态和社会效益。EPA 强烈建议使用绿色基础设施来进行雨洪管理，并满足联邦政府对水质的相关要求。[1]绿色基础设施项目旨在配合现有的污水处理系统进行容量管理、水质提升和洪水控制等方面的工作。

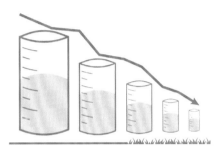

容量管理

由于不透水地表面积的增加将导致雨洪径流量的提高，因此提出容量管理的两大策略：增加透水地面的面积和将径流量引入绿色基础设施系统中。

GSI设计是为了将原有的不透水地面转换为透水地面，以减少流入排水系统或地下水体的雨水径流流量，降低污水处理系统的压力，并将雨洪直接渗入土壤中。绿色基础设施项目对具体的雨水容量管理的目标进行了设定，例如，对某一给定区域内2.5厘米降雨的容量进行设定。

水质提升

流经街道地表的雨洪往往含有沉淀物、残渣、化学物和污染物（例如，刹车片掉落的重金属、发动机机油和轮胎磨损时掉落的颗粒物）。GSI项目可以将这些污染物留住，避免对地下水造成污染。根据不同水体（海洋、咸水湾、河流、溪流、湿地或湖泊）的情况，GSI项目对水质处理标准设定了不同的要求，如去除80%的悬浮固体等。

降低峰值流量

特大暴雨通常易造成合流制排放系统超载，并导致洪水泛滥至街道、停车场、居住区和地下室等地。GSI项目能够降低暴雨的峰值流量并减轻洪水造成的危害。城市街道设计应考虑高峰流量的承载力，以及暴发洪水的风险。例如，确保街道系统可以承载"十年一遇"的暴雨（即在特定年份发生暴雨事件的概率为10%）。

区域气候与生态环境

可持续性的雨洪管理旨在重新建立自然水循环系统。GSI 在雨洪流走之前，可根据项目目标选择性地完成以下工作：

延迟： 收集雨洪并将其存储在储备设施或绿植系统中，直到其缓慢流入地下径流。

滞留： 收集雨洪并就地储存，以减少进入排水系统的流量。滞留的雨水在此逐渐蒸发或渗入土壤。

（生物）过滤： 通过一些可渗透的介质，去除颗粒物及其他污染杂质，例如，沙土、土壤或其他可用来过滤的物质。

渗透： 通过地表直接将雨洪渗入土壤。

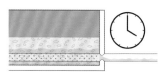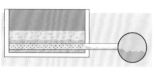

GSI 系统对区域气候和生态环境的反应很敏感。这些环境条件说明雨洪管理应在项目设计和执行阶段对需求和目标保持密切关注。设计师必须考虑区域的气候现状及未来的发展趋势。

关注降雨量、地表水蒸发量以及入渗率等数值是十分有必要的。当地气候条件决定了该地区的降水分布和气温状况，而土质决定了雨洪渗入地下的速度。这些因素共同决定了给定区域内的径流量和渗透建模所需的系数。

土壤水分蒸发量

土壤水分蒸发量由纬度、地形、海拔、风况、年份时段以及地表特征（如透水性、反射率和植被种类）等诸多因素共同决定。

在某些气候条件下，地表水分蒸发量较多地受到季节变化的影响，GSI 需要在设计阶段就将季节因素纳入考虑范围。在旱季采取灌溉措施，快速渗透的相关措施则适合雨季。在比较寒冷的城市，降雪储存是确定冬季土壤水分蒸发量的一大重要因素。

入渗率

GSI中的一些要素有时是为渗入特定量的雨洪而设计的。例如，在河流的支流区域，GSI渗入系统的目标是将每次降雨的前2.5厘米渗入地表，或与开发前的径流条件相匹配。

天然地下土壤决定了入渗率。拥有天然碎石和沙砾土质地区的渗水速度比较快，但需要考虑周围建筑的渗水。在渗水储存量较高的区域，应注意保护当地饮用水的水源不受污水污染。浅积岩或黏性土壤的地区，天然入渗率则会较低。地下水位较高的城市在应用GSI时可能受到较大影响。

植物

植物能够吸收一定量的雨洪，并起到防止土质疏松的作用。GSI项目应使用不具物种侵略性的天然耐旱植物。这些植物可以抵御洪水，并能适应干旱、极寒等气候条件。有些植物可以在雨雪较多的气候条件下不受盐碱性土壤的侵蚀。

低温/低降水量地区

犹他州盐湖城, 东900大道

这些地区全年都需要补充地下水, 降雪通常能够对地表水道和地下水进行补充。

可进行清雪和储雪, 应为清雪设备提供足够的空间。

频繁的冻融过程对街道选材提出了挑战, 混凝土路面和标志易很快磨损或褪色。

低温/高降水量地区

明尼苏达州明尼阿波利斯, 学院大道

一些地区的GSI设计需要考虑强降雪天气, 在选择建筑材料和涂料时应考虑冬季气候条件。

在这些地区, 积雪和冰易对街道通行造成负面影响, 设计时应为清雪设备留出足够的空间, 同时考虑储雪和安全驾驶等问题。

在降雪频繁的寒冷城市, 撒盐清雪时, 应考虑工业盐对当地水质和植被的影响。

高温/低降水量地区

亚利桑那州图森, 北九大道

位于北美西部和西南部的城市经常全年处于干旱状态, 在该区域, 水源的保持和再利用是重点考虑内容。任何能够被收集并返回地下的雨水均有助于维持植被的健康生长。

街道植被可以选择耐旱植物, 用来抵抗旱季的侵扰, 同时考虑洪涝灾害的影响。

高温/高降水量地区

路易斯安那州新奥尔良, 圣查尔斯大道

临海或临河而建的城市(尤其是在北美洲南部和东岸地区)应重点考虑雨季有可能发生的洪涝灾害。

这些城市可借助周边的湿地和三角洲来缓解洪涝灾害。

GSI应采取相关措施, 减少雨水径流量, 以降低洪水泛滥的后期污染, 以及对鱼类和野生动物造成的负面影响。

实现街道设计的目标

街道为城市的发展提供了空间环境。为了最大限度地发挥街道的作用，应编制一个集雨洪管理、交通网络和土地利用于一体的方案。GSI 项目不仅可以最大限度地发挥街道公共投资的效益，尽可能避免建设过程中的时间冲突，还可以挖掘其他潜在价值。

投资方案将 GSI 系统规划与自行车道规划、提升行人安全、改善公交线路和公交车站以及公共空间投资等内容结合在一起，是十分明智的。伴随着场地重建的土地利用和分区规划，应与雨洪管理策略相结合，以实现提升多式联运效率与确保路权共赢的目标。

政府部门和其他利益相关者应建立持续且深入的合作关系，这有助于确定双方互利互惠的目标，并在整体上提升设计项目的街区品质。

雨洪网络

评估流域水质、现有的中水设施、洪泛区，以及与降低径流的相关法规、法规，以便为在全市范围内建立了包含 GSI 路权的可持续性雨洪管理规划提供信息。[2]

雨洪网络可以产生可持续性附加值，例如，增加公园密度，降低城市热岛效应，以及促进人与自然的和谐共存。

交通网络

以机动车为导向的交通政策使街道过宽和不透水路面占比过大。街道的几何变化能够提高行人、自行车骑行者以及其他骑行交通的通行便利度，同时为绿色基础设施提供适当的空间。

对以机动车交通为主的道路网络展开流量和速度分析，并通过再设计获得充裕的街道空间。重新分配这些空间，以提高所有交通方式的安全性和舒适度。

自行车： 高品质的自行车系统可以与绿色基础设施同时启用，包括缓冲地带的透水地面和生物滞留设施等。

步行： 整合人行道和交叉路口的GSI系统，可以拓宽人行道。在交叉路口设立行人等候区和过街安全岛，设置机动车限速警示牌，为行人营造安全、舒适的步行环境。

公共交通： 将主要投资集中于人流量大的换乘系统（如轻轨），可以为GSI项目开辟连通的线性空间。在空间尺度相对较小的地方，例如，换乘站或安全岛，可以设置一些绿化带，以提高乘客的舒适度。此外，与公交运营方加强合作和沟通也十分关键。

土地利用和不透水路面

将土地利用和不透水地面的铺装纳入地区相关法律、法规是很有必要的。如果雨洪未得到有效管理，街道、屋顶以及停车场均会产生地表径流。

区划法规： 区划法规可规定不透水地面的覆盖率。例如，要求住宅与商业建筑停车场不透水地面的最低标准。

规范和奖励制度： 颁布或修订土地使用条例，以鼓励绿色基础设施的建设和雨洪径流的管理。应对采用雨洪管理措施的公共建筑和私人建筑给予一定的开发奖励。

修订区划法规，以鼓励步行、自行车骑行，以及乘坐公共交通工具出行，尽量减少不透水地面的占地面积。

可持续发展： 将人行道与绿色基础设施相结合，例如，将雨水渗透管道与公园、广场等公共空间相衔接。优先设计那些对雨洪策略造成影响的土地，例如，现存或重新开发的工业用地在引入绿色基础设施之前，首先应对场地中已经被污染的土地与水源进行修复。

雨洪网络

交通网络

土地利用和不透水路面

案例分析：干流雨洪绿道系统

位置： 加利福尼亚州洛杉矶

功能： 市域规划

参与部门： 洛杉矶公共卫生局、洛杉矶流域保护司、波莫纳加州州立理工大学景观设计系、加利福尼亚大学洛杉矶分校景观设计系、南加州大学普莱斯公共政策学院

时间节点： 一期：2013年
二期：2017年

连接洛杉矶河与城市地标的绿道[3]

目标

收集雨水： 收集并渗透2厘米的雨水地表径流（针对洛杉矶地区第85分位的降水天气），并降低极端降水天气下的峰值地表径流量。

缓解绿地不足： 将公园面积较小的区域与城市绿道系统连接起来，形成附加的生态、社会和经济效益。

提供规划目标： 确定建设绿色通道网络的优先事项，以保证最大限度地发挥雨水收集的作用，并缓解城市绿地空间不足的状况。

概况

洛杉矶公共卫生局与附近大学的三个景观建筑工作室合作，开发了一套解决洛杉矶紧急用水需求的GIS方法。该方法缓解了对偏远水源的依赖、持续干旱以及洛杉矶河流与太平洋的污染等问题。

干流雨洪绿道系统提供了一套旨在管理、处理、再利用以及补给地下水的城市绿色基础设施解决方案，并通过绿道为贫困社区提供休闲空间。

问题

洛杉矶的大部分饮用水（约88%）是从数百千米以外的水源引进的，引水的基础设施长期处于干旱条件下，并且已经老化。

同时，不透水路面覆盖了洛杉矶75%的用地面积，使得降水无法渗入地下，进入自然的水文循环，对地下水进行补给。

发达地区的降水形成地表径流，易携带各种污染源。洛杉矶的雨洪控制系统将这些污染物同径流直接排入洛杉矶河，并通过当地的海滩和港口流入太平洋。这样不仅浪费了宝贵的资源，也给人类健康和经济发展带来了巨大风险。

洛杉矶的大部分地区都缺乏公共绿地和开放空间，只有不到1/3的儿童生活在公园或游乐场的步行可达范围内，这对绿色空间的再分配提出了迫切要求。

设计细节

设计团队在研究了休闲步道、自行车道、公交车道、排水沟等现有街道分类的基础上，提出了创建"区域绿道网络"的概念，其中包括公共设施和支流河道地段权。

当地机构和专家首先根据主要的出行目的地（如学校、公园和市政机构）确定绿道网络的优先实施区域，然后划定连接这些区域的优先通道，并在此基础上模拟整个绿道网络系统的承载量。

除了建立网络，根据入渗率的不同，将干道分为五种，以便计算道路横断面的蓄洪量。项目一期分析了绿道在缓解绿地空间不足、过滤工业雨洪、收集或渗透雨水等方面的潜力。二期的优先绿道模拟了完全连接和恢复网络内支流后绿道网络收集和处理雨水的潜力，并帮助规划中的项目收集2厘米的雨洪径流。

在流域尺度上，采用干流雨洪绿道系统的方法，建立各独立项目之间的沟通渠道。这有助于项目开发商平衡雨洪设施的使用需求（如灌溉需求），从而有效收集和存储雨洪。

项目的设计内容根据网络每个部分土壤的分类而定，常见的设计内容包括收集径流的路边植草沟，以及在循环使用或到达一个地下存储系统前渗透到各级别的生物过滤系统。存储在这个系统中的水可以用来灌溉树木。在暴雨天气下，这些设施可以提升现有雨洪系统的雨水储备能力，使城市街道更好地应对洪水的侵袭，降低洪峰的峰值，并减少径流中的污染物。

成功的关键

通过融资，实现多重目标。干流雨洪绿道系统非常实用，通过项目融资连接绿道水系，形成绿色网络，从而为城市社区的改造创造了有利条件。在增加娱乐空间和开放空间的同时，满足法律法规的要求，最终实现雨洪渗透目标。

公共利益至关重要。这项规划首先应展示其创造公共价值的潜力，以便获得社区居民和政府的支持，进而推动未来项目的顺利实施。

优先区域。这是全市范围的规划，并且多个项目同时推进。明确划分区域的优先等级，在最短的时间内获得更多的经济收益。

成果

开发了一套连接恢复自然水文支流系统功能的机制和工具。确定优先区域和类别，在洛杉矶建立一个相互关联、均衡且高效的绿道系统。

小流域规划方案。为了更清晰地阐释相关细节，设计团队选取了一个"高优先等级"的小流域作为典型案例进行分析。

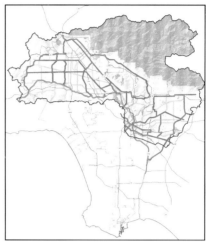

干流雨洪绿道系统一期绿道网络

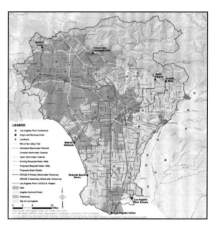

干流雨洪绿道系统二期主要、次要绿道网络

解决街道设计的难题

在确定雨洪网络、交通网络和土地利用在系统层面的作用后，应对特定的街道环境进行评估，以确定项目层面的具体措施。

街道环境评估的具体内容包括土壤质量、现有基础设施、相邻建筑和构筑物、斜坡以及全市范围内的政策目标。

根据可用空间的大小，确定绿色基础设施（从生物滞留池到雨洪树）所占空间，并将各种雨洪元素巧妙组合，以实现项目的总体目标。

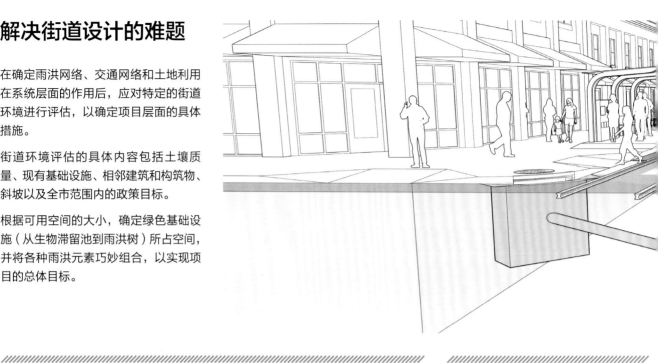

土壤和地下水

土壤特性决定了可供选择的设施类型，以及设计所需的强度。应充分利用优质土壤的渗透能力。

分析土壤入渗率。砾石和沙质土壤的渗水速度比泥土更迅速，在入渗率较慢或土质较差的地区，GSI可以设计暗渠。

对已有项目污染的土壤进行测试，特别是工业区的土壤。

调查地下水位的深度。在浅地下水位或季节性高水位地区，使用非渗透雨水设施，防止污染物进入地下水系统。

现有基础设施

参考现有中水基础设施的位置，特别是排水栅格口和集水区。

考虑地下交通基础设施、公共设施和套管的位置，以免与雨洪工程的布置产生冲突。

对邻近建筑的地下室或地下结构进行评估。雨洪设施可能需要增设衬垫或地基较深的墙壁，以防侧向渗水进入地下室。

生物滞留池

两边带有生物分解物质的垂直壁面，可以将雨水收集、渗透到下面的土壤中。

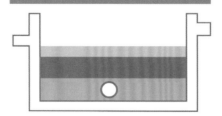

生物过滤池

两边带有垂直壁面，底部封闭，有暗渠。雨水在排入下水道的多孔管道之前，过滤池会对水质进行处理。土壤和节流控制装置可以缩减水流，以减少流入下水道的峰值流量。

植草沟

植草沟设有分级斜坡，可以种植多种植物，以进行有效排渗。如果土壤无法进行有效排渗，也可根据情况设置地下排水管道。

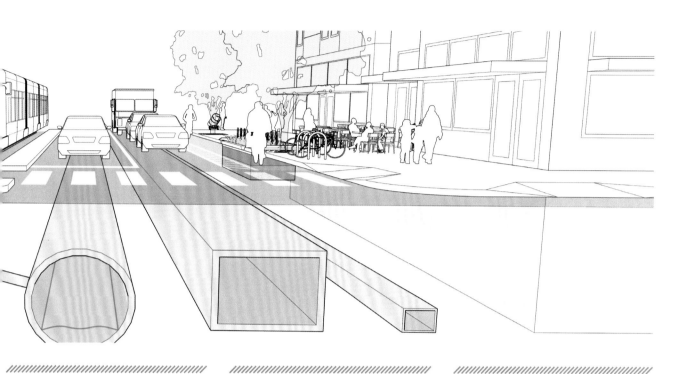

将其他公共设施纳入设计，如公交站台、电线杆、雨洪树、长椅、路标或其他街道家具。在门和通道周围接入行动数据自动仪系统。

寻找合作伙伴，加强合作，特别是有意对街道环境进行美化，或做防洪改造的业主。

斜坡

GSI项目一般选择斜坡不超过5%的街道，但通过创新设计，坡度更大的街道也可纳入GSI项目。

在斜坡较大的街道上，短沟渠和密集的截水沟有助于临时存储待渗入的地表径流。

项目规模与目标

评估城市政策规定的雨洪管理水平。有些项目可能只需一个生物滞留池，而有些项目则需要多个，以便对可能发生的地表径流进行有效管理。

如果树冠覆盖面和遮阴效果是项目的强制性要求，则应种植植被。

混合生物滞留池

混合生物滞留池的一面为垂直壁面，另一面为斜坡，雨洪要么排入多孔管道，要么就地渗入土壤。

雨洪树

用于雨洪管理的树木可以种植在固定的单独、联排或相互连接的树坑中。

透水车道

透水车道利用透水且相互咬合的混凝土铺装或多孔材质，将地表径流直接渗入地下。需要注意的是，透水铺面适用于载荷较轻的路面。

雨洪管理的街道改造

在大多数城市中，街道翻新比街道重建更加频繁。街道翻新改造时，可以纳入GSI，设计师应通过对街道状况进行评估，寻找改变街道的几何形态和优化街道通行条件的机会。

纽约州纽约，迪恩街

分配可用空间

评估街道特征、结构和基础设施，分析现有车道、候车区、公交车站、公共设施、建筑、绿地的可用空间。

评估交通量和停车利用率，以确定街道能否容纳更多的机动车。重新分配过于宽阔的街道、车道或未充分利用的路边停车位等，以激活交通和绿色基础设施。

在人流量较高的区域，人行道的范围通常为步行区域和路缘石之间的空间。在行人活动较少的住宅区，可以在人行道和行车道之间设立绿植隔离带。生物滞留设施和透水路面可以在进行雨洪渗透的同时，为行人提供足够的树荫。

保护现有基础设施和成年树木

现有基础设施，如路面铺装、地上和地下设施、公共交通设施和树木的状况决定了可供改造的范围，并由此估算施工所需费用。例如，为了避免替换现有的公共设施，新的雨洪设施需要对其进行退让。

雨洪树对城市的绿化和雨洪管理起到重要作用，但可能对改造或重建项目造成限制。成年树木不但能提高城市中树荫的覆盖率、优化空气质量，也能缓解城市热岛效应。

生物滞留设施的位置取决于现有成年树木的品种和根系结构。通过细致、周到的规划和思考，生物滞留设施可以与现有植被有效结合，形成城市绿色空间。

寻求互补

评估现有的街道设计，以保障行人的出行安全。生物滞留设施可以与其他改造项目结合设计。将雨洪改造与公共交通相结合，不仅可以高效利用空间，不同系统间的协作也有助于节约资金和资源。

使用临时的街道设施评估其对机动车和行人的影响。在进行全面投资建设之前，利用试点项目，对街道进行小范围的改造设计，以获得更多经验。

绿色基础设施有助于空间营造，通过绿化及其他宜人的景观设施提升公共空间的品质。将GSI项目和资金与空间营造相结合，以整合自行车停放区、共享单车存放点、街边的咖啡馆和社区集会空间等。

雨洪管理的街道重建

城市街道建成之后，一般在几十年甚至更长的时间内保持稳定。需要重建时，应仔细考虑未来的需求并充分利用这个宝贵的机会。为了延长街道的使用寿命，应对未来的交通方式和出行行为、当地气候和降水条件，以及土地利用和发展等变化做出预测。

对现有街道的全面重建通常为生物滞留区和灵活分配未充分利用的空间提供了更多机会。

明尼苏达州圣保罗，学院大道

设计全过程的协作

街道的全面重建为生物滞留设施和其他基础设施的协同发展提供了机会。其他基础设施主要包括人行道、路缘扩展带、公交车站、自行车道、共享单车站和人行横道等公共设施。

为生物滞留设施和其他宜居街道设计创造更多空间，如路缘扩展带或自行车道缓冲区，使绿色基础设施为街道带来更多裨益。

对路基进行改造，以便有效收集地表径流，并将其引入生物滞留设施。将路基向一个角度倾斜，可最大限度地将雨洪集入街边的生物滞留池中。是否改造路基取决于场地现有地形是否可供调整。

地下设施的组织

地下公共设施包括电力和通信线路，这些设施应与生物滞留设施分开铺设，以确保两套基础设施可以同时维护，并避免运营时可能产生的冲突和混淆。

服务设施和特许经营型公共设施的位置非常重要，可以确保未来的连接和维护不受生物滞留设施位置的影响。公共设施应当为生物滞留设施让出更多的街道空间。根据公共设施运营商的不同，服务设施可以与生物滞留设施共用一条管线，或在其周围重新选址。在项目最初的规划阶段需要与公共设施运营商进行沟通，这一点十分重要。

为未来做规划

针对未来的机动交通做规划，设计人行道、自行车道和公共交通设施，以激活公共交通方式及相关活动，并将多模式街道设计和可持续的雨洪基础设施纳入城市设计。

在地表下预设基础设施管道，清除生物滞留设施，以便为未来基础设施和交通设施提供必需的电力（如公交候车亭、路边亭）。为基础设施预留地下空间，可以降低随时间推移而产生的街道重建或改造的成本。

明尼苏达州明尼阿波利斯，学院大道

3 雨洪街道

俄勒冈州波特兰，林肯大道

雨洪街道的类型

GSI 不仅是城市基础设施的重要组成部分，通过美化环境和空间营造也可以使社会关系更加和谐，有助于提高街道用户的机动性、安全性，并显著改善街道的水文和环境功能。

虽然街道和城市千变万化，但 GSI 可以将多种类型的雨洪街道融入城市环境中。本章介绍了不同类型的街道，针对在特定环境中选择相应的 GSI 元素提出了合理建议，并为设计和位置选取提供指导，以有效发挥水文和社会基础设施的作用。

超大型城市绿色街道

繁忙的街道在城市中起到至关重要的作用，而街道的舒适度是城市发展走向成功的关键因素。超大型城市街道往往位于城市中心或作为城市的主要功能通道，这里人流密集，对空间的需求量很大。超大型城市街道对雨洪管理的改造来说是一项巨大的挑战，而绿色基础设施的最大优势是为公共空间和人行道提供树荫，为自行车道和人行道提供高效的排水途径，对公交车站进行美化，以及收集、过滤地表径流的污染物。

GSI的改造需要高度的协调性和灵活性，应在设计阶段充分考虑如何平衡交通量、出入口以及机动性等方面的问题。

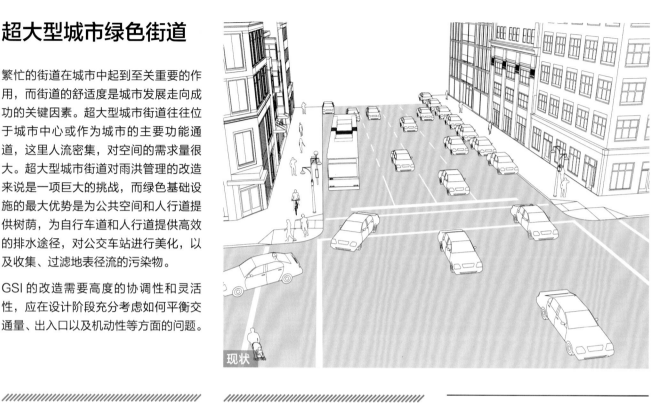

现状

现状条件

城市街道大量使用不透水地面，地表雨洪径流随之增多。宽阔的行车道和较大的路缘半径间接加快了车速，使骑行环境变得不安全。另外，行人过街的距离过长，容易造成安全隐患。行人和其他街道用户对街道空间的需求都很大。

缺少阴凉和避风遮挡是超大型城市街道的常见问题，例如，雨洪树过于稀疏、局部风况恶劣等。

街边通常存在密集的商业活动，包括出租车上下客、货物装卸、公交换乘、自行车存取和路边停车等活动。

GSI的实施过程中需要协调不同基础设施之间的关系，例如，管道铺设、地下空间和地下交通系统等。

建议

将GSI应用于再设计项目，不仅可以获取更多资金来源，还能够促进规划过程中的协同合作。在重建前期，可以通过临时调整，尝试一些新的街道配置，这有助于为GSI项目提供更多空间。具体措施包括缩窄车道宽度、拓宽人行道、延长交叉路口的路缘扩展带、加设单独的自行车道，以及在重建中融入绿色基础设施。

1 在人行道宽度允许的范围内，GSI通常是整合雨洪树种植区最有效的措施。如右上图所示，一系列线形生物滞留池吸收地表径流，每个滞留池填满雨水后，自动将溢出的多余雨水输送到下一个滞留池。

繁忙的城市街道上，卡车等重型车辆通行时会产生较大颗粒的泥沙和污染物，为了避免这些污染物被冲刷至生物滞留设施，应在入水口增设较大的预沉区。

在交叉路口和街道中段拓宽路缘扩展带，以提升可视性，并降低行人过马路的风险；将GSI整合到路缘扩展带中，可以实现雨洪管理效益。减小交叉路口的路缘半径，可以降低车速，提升路口的安全性和舒适性。[1]

2 在低流量街道上使用GSI，有益于缓解日常维护的压力，特别是考虑车辆冲上人行道的情况。

当GSI占用步行空间时，纵向的生物滞留池可以在保证雨洪渗入量的同时，为行人提供足够的空间。在人行道上设置GSI时，为了防止行人误入，应确保人行道具有舒适的宽度（通常为2.4～3.7米）。

当雨洪无法渗透到底基层时，生物过滤池能够有效处理雨洪水质，并减少地表径流量，如地下室、交通隧道或地下公共设施管道等渗漏位置。

改造后

当生物滞留设施占用地下公共设施的空间时，可以紧凑地设置小型生物滞留池，并短距离调整公共设施的铺设；还可以设置透水路面，以减少雨洪对地下基础设施的负荷。

如果人流量有所提升，生物滞留设施不应设置得过深，或者对边缘进行视觉分化处理（包括短路缘石或矮栅栏），从而降低行人误入的风险。将空间营造的元素融入生物滞留设施，打造以人为本的绿色街道。

超大型城市街道对路边空间的需求越来越高，因此应在必要的地方设置出入口。为了保持道路畅通，应避免在可进入的停车位和指定的乘客上下区设置垂直生物滞留设施。

③ 在换乘站，如公交车和轨道交通停靠点也可能为GSI提供更多空间。如上图所示，雨洪收集设施从指定的街道区域收集地表径流，并将溢出的雨洪输送至现有的中水设施。换乘站点的绿化也能改善乘客的候车体验。[2]

为了避免大型树木阻挡公交车司机和候车乘客之间的视线，应将其种植在交通站点靠后的位置，并在附近使用低矮的植被作为绿色设施。

在许多城市，市中心店铺兼具商业开发和城市维护的功能，在业主的帮助下，可以为生物滞留设施提供必要的维护。

GSI的潜在功能

浮动路缘或偏移路缘

» 生物滞留池

自行车道或停车道

» 透水路面 ●

种植区

» 树井或树沟 ●

» 生物滞留池 ●

» 植草沟

人行道

» 透水路面

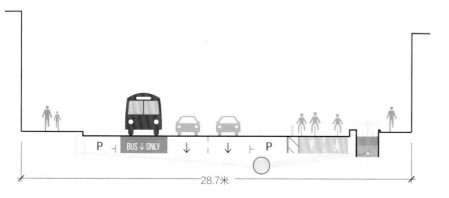

← 28.7米 →

案例研究: 费尔街和橡树街

位置: 加利福尼亚州洛杉矶

功能: 城市廊道

项目长度: 804.7米

道路宽度: 20米

参与机构: 洛杉矶交通运输局(SFMTA)、洛杉矶公共事业委员会(SFPUC)、洛杉矶公共工程部(SFDPW)

时间轴: 2012年10月至2013年5月临时设计, 2015年5月完成永久性设计

橡树街自行车道

目标

雨洪管理: 管理"五年一遇"、持续3小时的暴风雨，或3.2厘米深的降水。

机动性: 提高橡树街和费尔街上行人和骑行者的安全性和舒适度。

空间营造: 提升项目区域内街道的视觉体验。

概述

费尔街和橡树街是洛杉矶自行车网络的重要组成部分，但传统无缓冲带的自行车道紧邻快速机动交通，给骑行带来了安全隐患。通过重新设计，街道设置了单独且受保护的自行车道，包括减速岛、采光充足的交叉路口以及经优化的人行横道。

费尔街和橡树街所在地区随后升级并整合了雨洪管理功能，包括在减速岛的边角部分设置生物滞留池，沿着排水沟铺设透水路面以引导雨洪，并且在自行车缓冲带中种植绿植。

设计细节

将雨水花园和角落中的减速岛进行叠加，为雨洪管理设施腾出空间的同时，缩短了行人过街的距离，并确保行人的出行安全，提升了街道的美学价值。减速岛可以通过人行道收集地表径流。

停车道中设有一条1.7米宽的透水地面，用于吸收街道上的雨水径流。

一条1.2米宽的混凝土隔离带将自行车道和机动车道分离开来，隔离带上种植的植物不仅可以收集雨水，还起到美化街景的作用。

经验教训

尽早且经常沟通。原来的项目团队在项目推广期间被请求在社区中引入绿色基础设施。这时洛杉矶公共事业委员会的雨洪设计团队介入项目，要求所有利益相关者在项目期间加强合作。

利用现有条件。洛杉矶公共事业委员会在这个项目中吸取的主要教训是，待实行的项目应提前测试并收集数据，特别是了解局部地区土壤的吸水情况。设计师通过了解本地土壤的渗水能力，对设施的规模和模型做出正确的预判。这样不仅可以降低设计和施工成本，也能更好地实现雨洪目标。

不牺牲"绿色环保"。旧金山的许多地方应平衡提升树荫与生物滞留设施之间的关系。

体现投资的价值。额外增加的项目成本可能会导致日后改进时的花费更高。应准确地评估成本和预期结果，以选择最有价值的项目和设计。

成果

初步的监测结果表明，该项目成功地管理了90%的街道雨洪径流。

98%的受访者认为，自行车道的安全性有所提高。

费尔街

橡树街

费尔街

橡树街

绿色公交街道

将街道升级为大容量轨道或公交线路往往需要大量的投资，甚至需全部重建，这为街道整体结构的重构和使用创造了便利条件。GSI 的使用不仅改变了街道大面积不透水地面的现状，将其铺装成一条性能良好的雨洪街道，还为居民提供了一条更安全、更有吸引力的街道。

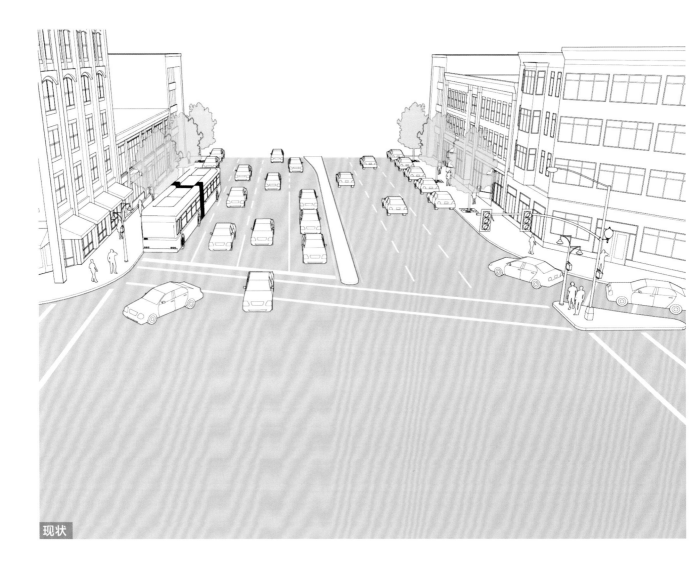

现状

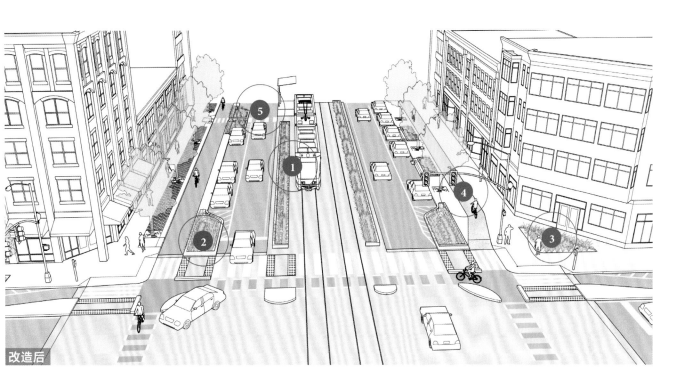

改造后

现状条件

连接市中心和社区的主要街道，在一天的大部分时间中存在明显不均衡的机动车交通，给行人和自行车骑行者带来了负面影响。大面积的不透水地面也使雨洪径流和外溢成为一大难题。以机动车为导向的土地利用带来了大量受污染的地表径流，使水质处理成为优先事项。

这些宽阔的街道通常为高峰期的机动车交通而设计，在一天的其余时间未得到充分利用，也未对交通进行优化。大量的机动车交通造成了频繁的超速驾驶，并严重影响了步行和骑行体验，降低了公共空间的品质和周边的商业价值。

高车速和大转弯半径的街道占用了大量土地资源，而这些地面均覆盖了大面积的不透水地面。跨越多条车道的左转弯道会造成机动车辆和其他街道用户之间高风险的使用冲突。

建议

① 高容量的公共交通可以在占用较少空间资源的前提下，运送更多乘客，为GSI项目腾出空间，并改善环境品质。限制机动车车速有助于提高安全性，减少温室气体、地表污染物和噪声影响。节省出来的空间可用于建造GSI项目，这些空间包括减速带、路缘扩展带和自行车道缓冲区。

大容量的公共交通可以与雨洪设施相结合，并利用轨道导轨或混凝土公交线连续的线性空间，设置雨洪设施，在保证雨水渗透的同时，不失原有功能。如上图所示，公交线路上的线性生物滞留池用来收集雨洪，此处无须再设置路缘石，但建议在行车道或自行车道中设置，以免行人误入。

相较于小型街区，拥有低密度地下基础设施的大型街区更容易进行雨洪渗透。较长的街段可以设置渗透能力较强的大型渗水植草沟。种植树木不仅可以蓄洪，还有助于吸收噪声，减少空气污染。将以车行为主的街道改造成更人性化的街道，营造出美好的生活环境。

2 右转车道已被绿色安全岛所取代，转弯速度和转弯半径均有所降低。左转弯受到一定限制，以提高行人的安全性和公共交通的可靠性。关闭左转车道，并将其作为绿色隔离带中间行人安全岛的一部分。

3 单独右转车道间接加快了机动车转弯时的速度，将其转化为一个大型生物滞留池。过街人行道中设置了引导线和指示牌。

闯入雨洪设施的车辆减少了。通过调整机动车道，将车速降至安全范围内（通常为32～40千米/小时），不超过48千米/小时。公共交通支持的信号联动速度通常低于32千米/小时。在雨洪设施中设置高可见度或反光垂直元素，可以降低机动车侵入的风险，特别是在车速较高的区域。

4 受保护的凸起自行车道为各年龄段的骑行者提供了更安全、更舒适的骑行环境，并且与人行道和机动车道区分开来。透水路面可用于自行车道，使用透水混凝土或多孔沥青，以确保路面的兼容性行车道。雨洪可以从街道上直接流入透水自行车道；通过抬升高度，透水自行车道可以吸收人行道上的径流。制订定期的维护工作计划，确保这些透水路面不被泥沙堵塞。

5 路中段的过街人行道为生物滞留设施提供了空间，如路中段的路缘扩展带。选用低矮的植被，以确保行车视线畅通无阻。另外，还可以通过一些垂直绿化将人行道和雨洪设施分隔开来。

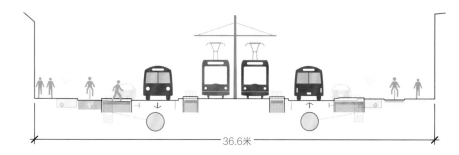

36.6米

GSI的潜在功能

路中公交专用车道
» 生物滞留池
» 植草沟

种植区
» 树井
» 生物滞留池
» 植草沟

浮动路缘或偏移路缘
» 生物滞留池

自行车道或停车道
» 透水路面

人行道
» 透水路面

案例研究: 轨道绿线

位置: 明尼苏达州明尼阿波利斯和圣保罗

功能: 绿色公交

项目长度: 17.7千米

宽度: 30.5米

参与机构: 轨道交通局、拉姆西县大都会理事会、明尼阿波利斯市政府、圣保罗市政府

时间节点: 2011年启动, 2011—2012年建设; 2014年提供公共交通服务

费用: 9.57亿美元, 其中500万美元用于绿色投资

圣保罗学院大道

目标

机动性: 为明尼阿波利斯和圣保罗提供优质、定期、可靠的过境公交服务。

雨洪管理: 减少雨洪径流并改善水质。

经济发展: 增强明尼阿波利斯和圣保罗之间的交通可达性, 打造一条繁荣且充满活力的城市交通廊道。

概述

轨道绿线是一条长17.7千米的轻轨线路, 连接明尼阿波利斯市中心和圣保罗市中心, 使这两个相邻的城市形成一个大都市核心区。这条路穿过高度发达的工业区、商业区和居住区, 连接五个主要的活动中心, 包括明尼苏达大学。

学院大道作为重要的区域交通廊道, 已完成重建, 以适应轻轨线路, 并提供了收集和管理雨洪径流的基础条件。该绿色雨洪基础设施投资巨大, 充分利用了当地的水文条件渗透和处理雨洪, 减轻了污水对密西西比河的污染。

设计细节

雨水花园、生物滞留池、渗透沟、渗水铺装和树沟等，可以沿街吸收和过滤雨水，同时将公共艺术融入街道沿线的渗透沟和公交站点的设计，具有一定的地域特色。

学院大道沿线种植了1000余棵树木，长度为8千米左右。雨洪径流进入树沟，通过透水路面、地表水池，最终汇聚在布满岩石的储水槽中。沿着沟渠种植的树木可以吸收并过滤雨水，将其缓慢地释放到下层土壤中。在极端天气下，多余的雨水被引入暴雨管道。

渗透沟铺设在圣保罗的两条小街地下，雨水通过排水管道流入街道下面的主管道。这些管道有上千个渗水孔，埋设在铺满高尔夫球大小的石头沟渠中。雨水充满管道时，通过渗水孔控制释放，使水流入岩石和土壤。极端天气下的过量雨水同样被引入暴雨管道。

圣保罗学院大道

生物滞留池设置在五条辅街上，种植有耐寒的原生植物，采用改良过的土壤和沙子过滤雨水，并为地面水库补水。

雨水花园建在轨道沿线的四条街道上，改善了项目周边区域的水质。

在树沟上方铺设透水路面，为树木提供水分，并促进地表与土壤之间的空气交换。

成功的关键

独特的伙伴关系。 2007年至2016年，成立了中央廊道投资合作社，以协调各方利益，并发掘轨道绿线在住房、经济发展、绿化等方面的潜在价值。投资合作社弥补了市政机构工作的不足，成员已获得160多笔赠款，总计1200万美元。

多方资金支持。 该项目的绿色基础设施获得了各级政府的资金支持，包括国家清洁水基金、大都会理事会的区域共享基金、圣保罗市地方共享基金以及首都的实物捐助等。

监控进展。 安装监控设备，有助于评估生物滞留设施的效果，并对未来绿色基础设施的投资起到借鉴作用。

经验教训

公共设施的安装。 周密的组织和协调，能够起到事半功倍的效果。

尽早且经常与股东会面。 股东对项目结果具有积极的推动作用，潜在的冲突需要提早发现并尽快解决。许多设计元素是由股东提出的，包括新的路缘石和提升雨洪元素的水沟。

广泛的公众参与。 与社会团体、艺术组织、邻里团体以及当地企业进行合作，对项目的最终目标做出调整和改进，以满足社区居民的需求。

成果

绿色基础设施缓解了大约50%的雨水径流。

每年有36.3千克的磷和18143.7千克的沉淀物被绿色基础设施吸收和处理。

该项目使用了高回收率的材料，包括超过30%的可回收钢材，用于安装12万吨的轨道。

每月有超过100万名过境乘客往返于两个城市之间，乘客可在沿途18个车站使用这条轨道绿线。

在商业和住宅发展方面，地铁绿线沿线的社区预计会获得超过30亿美元的收益。

计划在0.8千米的轨道绿线沿线内增建13 700套住房。

明尼阿波利斯华盛顿大道

林荫大道

拥有宽阔路基的大型林荫大道通常只服务于机动车交通。许多城市正在将这些林荫大道恢复为充满活力的城市街道，通过收集雨洪径流、改善植被覆盖率、减少反射路面等方式，提高街道的安全性和舒适度。这些生态改造措施是使林荫大道成为人类美好栖息环境的关键所在。

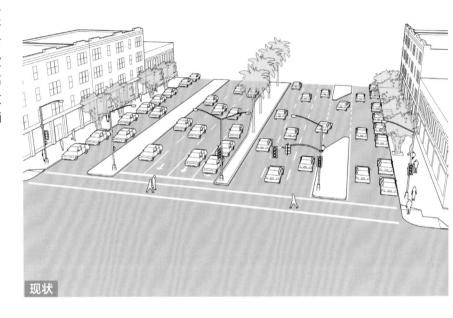

现状

现状条件

城市中的林荫大道一直以来都只为最大限度地满足机动车交通量，常常忽略步行、骑行以及公共交通的环境条件。与其他干线交通一样，林荫大道上存在着频繁的超速和不安全车辆操作，但在所有交通出行方式中，林荫大道是至关重要的交通路线。

街道用户类型各异，且用户的流线各不相同，过境交通和穿越街道的需求很高。

林荫大道通常包括大面积的不透水地面，加剧了雨洪径流的吸收和地表排污的压力。宽阔的道路红线与多层次路基可以共同创建一个管理大流量雨洪的复杂系统。在强降雨期间，路面形成的急速地表径流和水坑会对行人和骑行者构成严重威胁。

建议

林荫大道拥有大面积的不透水表面和机动车行驶区域，为城市雨洪基础设施的建设提供了空间基础。宽阔的道路和路边隔离带等基础设施为雨洪的收集、储存和处理提供了充足的空间。

① 林荫大道中成熟的树木在雨洪管理方面效果显著，那些具有一定历史背景或风格独特的城市设计包含很多林荫大道，也可以为公共空间的营造提供更多机会。将雨洪管理融入街道的美学设计，为人们提供更舒适、美好的公共环境，同时也可以保护成熟树木的根系结构。

选择一个较低的目标速度作为街道的设计速度，可以减少机动车占用的空间，为行人和绿色基础设施提供更多空间。

② 缩短左转车道，中间部分被扩大作为行人过街的安全岛。精心设计交叉路口，确保行人每隔91.4~121.9米便有一个安全、方便穿越的交叉路口。减小交叉路口的转弯半径，限制机动车的行驶速度，以降低事故风险。

③ 公交车站和站台的侧面是理想的生物滞留设施选址地，可以作为线性步行空间来提升行人通行的舒适度。

虽然林荫大道的中间区域具有更大的空间，但在这些区域设置生物滞留设施可能造价高昂。日常维护的可达性是首要问题，同时应将道路横断面的横坡方向进行反转，以便引入雨水径流。可以对这些区域的潜在价值进行评估，雨洪树可能更适合这些空间，不仅为交通提供适当的树荫，还具有一定的雨洪渗透能力。

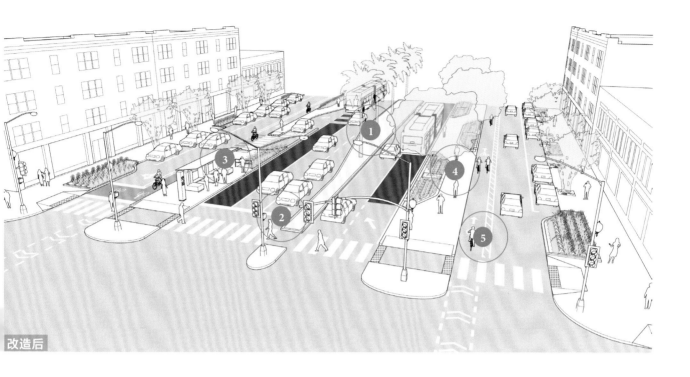

改造后

4 如果空间充足，可以设置具有分级边坡的植草沟，以便实现从人行道到生物滞留设施的平缓过渡，还可以提供更多样的植物选择。生物滞留设施还可以作为人行道和机动车交通之间的缓冲带，尤其是在路边的中央分离带。

本地物流通道毗邻街边商铺。有效管理这些通道是减少多车道功能及安全冲突的重要手段。林荫大道的中间车道往往是卡车通行的重要线路，因此中间车道的宽度应为3.4米，而其他车道通常是3米。其他车道设计则应有所区别，以防卡车占用。

5 优先考虑自行车道，在林荫大道等主要街道中保证自行车道的宽度及局部区域的通行需求。由于相同路段的机动车道为不透水路面，自行车道可采用透水路面。使用透水混凝土或多孔沥青路面，以确保自行车骑行的舒适度和安全性。

林荫大道上拥有较高的机动车和卡车流量，将产生成大量的碎屑和污染物，这些物质会对生物滞留设施造成一定的负荷，因此针对这些大道，应设置比一般预沉区更宽的污染物收纳口。

GSI的潜在功能

步行大道

» 植草沟

自行车道和停车道

» 透水路面

人行道种植区

» 植草沟

» 生物滞留池

» 树井或树沟

路缘扩展带（街道转角或中段）

» 生物滞留池

» 植草沟

人行道

» 透水路面

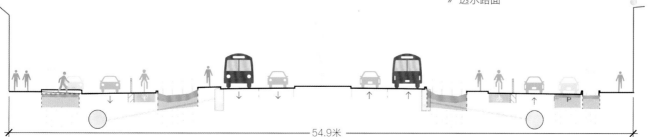

54.9米

案例研究: 第二十八街和第三十一街的连接项目

位置: 田纳西州纳什维尔

功能: 林荫大道

项目长度: 482.8米

道路宽度: 26.8米

参与机构: 纳什维尔公共工程部、供水服务部、艺术委员会

时间轴: 2011 — 2012年

费用: 630万美元

第二十八街和第三十一街的连接项目

目标

连接: 重新连接两个街区——纳什维尔北部和西区。

流动性: 改善六所地区大学和医疗中心之间的交通和过境服务。

可行性展示: 在纳什维尔打造一个高品质的街道设计案例。

概述

通过第二十八街和第三十一街的连接项目,将被铁路和主要州际高速公路分割了几十年的社区重新连接在一起。鉴于该项目多年来受到社区居民和相关领导的关注,纳什维尔市政府决定将其作为该市第一个基于GSI理念设计的完整街道项目。

该项目跨越现有铁路,连接纳什维尔西部和北部。第二十八街和第三十一街的街道重建是城市早期街道项目之一,旨在为居民提供安全、舒适的街道环境。此外,该项目采用早期的绿色街道设计策略,整合生物滞留设施,改善人类生存环境。

将自行车道和人行道完全分隔开来,通过本地植物,营造具有吸引力的景观设计;采用嵌入式LED灯进行照明,在视觉上将自行车和行人通道分离开来,同时尽量减少对环境造成的负面影响。

设计细节

重建的绿色街道旨在减少雨水径流量并提升水质。道路中央和路边的生物滞留池用来收集"初雨"(即第一时间收集雨水),处理在暴雨期间冲刷下来的重度污染物。这条街道朝一个方向倾斜,而非中间高、两侧低,可以将所有地表径流从较高一端引向绿色基础设施。

该项目包括狭窄的行车道,以减少不透水沥青路面的面积。路缘石直接将雨水引入生物滞留池和植草沟,通过植物和土壤层对其进行过滤。每隔9.1米便会设置一处混凝土挡坝,以降低雨洪的速度并减少径流,间接提高生物滞留设施的雨洪容量。

道路中央植草沟的宽度为3米，路边植草沟的宽度为1.2米。置于路边人行道和自行车道下的植草沟，深度最深为10厘米，以应对"百年一遇"的暴雨侵袭。植草沟周边的低矮植被可确保视线的畅通，防止人们在骑行或步行时不小心进入这些区域。较浅的积水设计则确保了意外进入这些区域的行人或骑行者的人身安全。

自行车道的铺装为染色混凝土，用来区分街道两旁的人行道。嵌入式LED灯在划分了街道空间的同时，改善了自行车骑行和步行的体验。

当地艺术家设计的公交候车亭

成功的关键

做好重点项目。第二十八街和第三十一街的连接项目是纳什维尔第一条完整的街区，这归功于其将城市中心整体路网纳入基础设施设计。

紧密联系所有利益相关者。每月一次的例会保证了高质量的设计，同时最大限度地减少了对邻近企业（包括大型地区性社区医院）的影响。

为未来需求而设计。两条街道的衔接设计旨在适应当下和未来的发展需求，推动相邻区域之间的经济和社会活动。

营造归属感。在社区居民的帮助下，加建了大型公共艺术设施，包括采取保护措施的篱笆墙，以及六个艺术家联合设计的公交车候车亭，这些都提升了项目的特色和归属感。

成果

将被铁路和高速公路分割的两个街区重新连接起来。

建立连接两个街区的公交线路，并提供相关服务。

为纳什维尔市打造一个可以作为试点项目的完整街区，高品质的自行车骑行和步行设施具有很高的参考价值。

第二十八街和第三十一街的连接项目对该市未来的发展产生了深远的影响。政策上明确要求未来所有新项目必须纳入绿色基础设施的相关内容，例如，垂直绿化墙和分级植草沟等。

第二十八街和第三十一街的连接项目

社区主要街道

社区主要街道是社区生活的中心，也是社会和经济发展的载体，为各种活动提供了重要的交通空间。

绿色景观有助于提升街道品质，包括提供树荫、改善热岛效应和街道形象等。有效的雨洪管理手段对降低街区中各产业的洪涝风险至关重要。

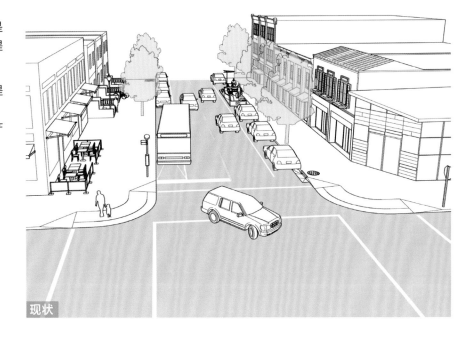

现状

现状条件

社区主要街道的道路密度低于市区，主要服务于商业活动和居民活动。居民对于高品质的步行和自行车骑行空间有很高的需求，路边临时停车和卸货情况比较常见，主要的公交线路会通过此处。

附近的业主依靠高效的雨洪管理措施，来防止地下室或建筑遭受洪涝侵袭。

建议

绿色景观——包括生物滞留设施、雨洪树、绿化带，能够提升主要街道的品质，营造美观的公共空间，这些策略即便在狭窄的街道也同样适用。

针对自行车骑行者和行人，重新规划道路空间，通过减少左转和追尾等措施，尽可能减少行人、自行车、公交车等慢行交通方式与机动车交通之间的路权冲突，同时为雨洪管理设施提供更多的街道空间。

1 带有生物滞留设施的路缘扩展带应设在交叉路口和街区中段，并考虑行人的通行和人身安全，减小道路宽度，缩短过街距离，促使机动车减速。生物滞留池可以在整个街区中分散布置，路口拐角处设置的滞留池效果显著，这些区域可最大限度地收集街道的地表径流。

2 鉴于人行道空间有限，而路边空间也很宝贵，在公交换乘站设置绿色基础设施是一个不错的选择。

3 小型绿色基础设施，如生物滞留池、雨洪树井或联排的树沟等，都是在街道空间狭窄且对交通流量有一定需求的情况下比较常用的改造措施。

生物滞留设施的外墙可以与座椅或环境改造设计元素相结合，特别是在人流量大、店铺林立的主要街道上。

在繁忙的步行街上，应合理处置生物滞留设施，可以设置一些低矮或密集的植被，以防行人踩踏滞留池。

改造后

④ 在街道改造过程中，应充分考虑临时停靠站的位置，这些区域能够为生物滞留和雨洪渗透创造更多空间。

由于商业活动会产生较大的交通流量（如货物装卸和运输），因此GSI的选址和设计需要充分考虑沿街商业活动。设置生物滞留池时，应保证人行道与店铺相互连接，包括在植被种植区中保留

可穿越的开口。在交通高峰期应尽量缩短机动车的路边停车滞留时间，也可以调整货物装卸时间或指定专门的货物卸载区域，以减少街道上的路权冲突以及对街边商铺的影响。

与当地食品、娱乐和零售商铺的有效合作是GSI项目取得成功的关键。在这些活跃度较高的人行道上，可以通过生物

滞留设施收集垃圾和污染物。这些区域的雨洪设施美学设计往往比功能更重要，可以与街边商铺或业主签订相应的维护协议，以降低雨洪设施的维护成本，并提升街道品质。

生物滞留设施需要阻止地下水渗透，以免对相邻建筑的基础结构造成破坏。

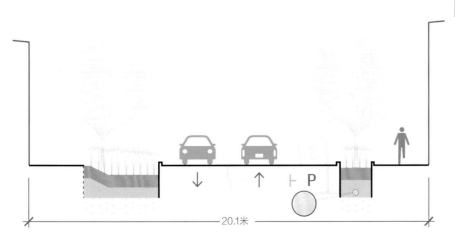

GSI的潜在功能

自行车道和停车道
» 透水路面 ●

路缘扩展带（街道转角或中段）
» 生物滞留池 ●
» 植草沟 ◉

人行道种植区
» 生物滞留池 ●
» 植草沟 ◉
» 树井或树沟 ●

案例研究: 迪威臣街

位置: 俄勒冈州波特兰

功能: 社区主要街道

项目长度: 2.6千米

道路宽度: 18.3米

参与机构: 波特兰环境服务局、波特兰交通局

时间轴: 2009 — 2012年

费用: 1300万美元，其中包括250万美元联邦运输基金和330万美元当地交通基金

迪威臣街

目标

雨洪管理: 防止该项目区的污水回流至地下室和街道。

水质: 降低污水合流的频率和可能性，使其满足威拉米特河EPA排放标准。

机动性: 提升步行和骑行的安全性和舒适性，提升沿街公交线路的可靠性和运行速度。

可进入性: 为汽车和自行车提供足够的路边停车位，提升沿街商业的活力。

场所营造: 结合雨洪设施、树荫以及公共艺术品等，提升街道的景观品质。

概述

迪威臣街是一条土地混合利用和多种需求相互竞争的交通走廊。最初它只是一条连通相邻社区、纯交通性质的街道。随着时间的推移，沿街的商铺越来越多，这里变成了一条汇集行人、自行车、机动车等各种交通活动的繁忙街道。行人和机动车相互竞争，使有限的空间显得更加拥挤。

这条街道一直存在很高的安全隐患，尽管限速为40千米/小时，85%的车辆平均速度却为42~50千米/小时。高峰通行车道代替了原有的路边停车位，但未能得到充分利用。早高峰时段仅有35%的车辆使用这条高峰通行道，而对向行驶的使用率则为30%。

波特兰市政府与技术咨询小组和社区咨询小组合作，经过多年的深入调研，制订了一套改善街道品质并适应未来20年发展的计划。重新设计街道，包括减少行车道数量，拓宽路缘扩展带，设置行人过街路口、公交车站、街边自行车停放区，以及管理雨洪径流的生物滞留池，并种植可以提供大型树荫且改善水质的树木等。

行人过街路口

设计细节

该项目取消了大部分使用效率低下的高峰专用车道，节省下来的空间留作他用。

人行道的改造除了保证通行所需的宽度外，还设有无障碍设施，以满足残疾人的使用需求。

街区北侧种植了能够提供大树荫的树廊，以避免南侧的功能性冲突。树木本身有助于遮阴、拦截雨水，并对街道美化和稳静交通起到一定作用。

结合雨洪设施的路缘扩展带，为地表雨水径流的管理带来了更多便利，同时缩短了行人穿越街道的距离，改善了行人的步行环境。

路缘扩展带

在该项目一些地段，设计师将雨洪设施与街道装饰结合在一起，尽量减少不透水区域所占的比例，同时避免不同设施在使用时可能造成的冲突。

该项目在整条街区范围内加装了自行车停放设施，将取消的高峰专用车道改造为街边停车位。除了给街道增添更多活力外，自行车和停车场还可以在机动车道和人行道之间增加缓冲。

成功的关键

社区参与贯穿始终。该改造项目的成功之处在于，在街区重新设计之前，经历了街道改造概念的提出（2003年至2005年）和项目的最终落成（2009年至2012年），花了近10年的时间进行社区调研。

使设计适应本地环境。尽管原有的大部分高峰专用车道被取消，但三个关键路口的机动车通行量却得以增加。针对这些区域，项目通过信号配时变化、设置自行车暂停区、撤销临时停车场等措施，减少了不同交通方式之间可能存在的路权冲突，保证了交通的顺畅运行。

监测。波特兰对改造后的交通流量进行了监测，重点关注经过调整的车行线路是否对两侧的自行车骑行造成影响。

保证商业业态。为雨洪设施精心选址，以免对沿街商铺的日常运营造成不必要的影响。多数情况下，为了方便行人从人行道进入商铺，同一雨洪设施往往被两个店面所分割。

经验教训

避免模糊不清的街道用途。街道两旁的雨洪基础设施应结合路缘扩展带来设计，以免产生一些模糊边界的区域，导致机动车驾驶员误将其作为临时停靠站。

成果

项目每年可以从混合排水系统中转移2158万升的雨水。

沿街建设的密集住宅以及大量零售商铺的涌入，使整条街区成为波特兰市最受欢迎的购物和餐饮场所之一。

虽然该街区依旧是波特兰市交通事故频发的三十大街区之一，但项目改造部分的交通事故却大大减少了。

T形路口路缘扩展带

公交车停靠站

居住区街道

居住区街道通常是未充分利用的公共空间，其中有些道路过宽或未区分道路功能，容易导致车辆超速行驶或交通拥堵。雨洪基础设施项目通常是重建或全面改造此类街道的唯一机会。整合 GSI 有助于营造更安全的步行、骑行环境，建设美好的邻里社区。

现状

现状条件

居住区街道的空间十分狭小，导致各种形式的交通量都非常有限。这些街区对交通的反应是很灵敏的，如果作为机动车的通行道路而变得极具吸引力，它们会迅速降级。许多街道现在已经具备了慢行交通的条件，通常设置了减速带等低成本设施。

有些居住区街道依靠狭窄的路基以及道路两旁的停车位所营造的有限空间来限制机动车的车速。还有一些居住区街道为过境交通预留了专用车道和一定的街边停车位。这些区域有时是单向交通，车辆通行的速度十分缓慢。

成熟的树木和频繁出现的车行道易成为人行道的障碍，有时也会影响生物滞留设施的选址。

建议

结合GSI，设计适合不同年龄段街道用户的人行道和自行车道。这些街道存在大量短途交通，为将雨洪管理纳入道路红线管理创造了便利条件。

由于交通流量较低、碎屑沉积物较少，居住区街道是规划生物滞留设施或透水地面的理想区域。可以将雨水从交通流量高的街道引入居住区街道的生物滞留设施中。另外，居住区街道还可以降低设施的整体维护费用。

1 街道两边的树廊为透水地面提供足够的场地，人行道附近分等级设置的生物滞留池可以使城市设计更柔和。如果条件允许，应优先对成熟的树木进行维护。如果空间受到限制，可以考虑使用树井或联排种植的树沟。

2 将改造后的街道指定为自行车大道，通过设计策略来管控机动车的速度和流量。街区尽端的路缘扩展带可以控制一定的车流量。

路缘扩展带在提升行人可视性、缩短过街距离以及降低机动车转弯速度等方面非常有效。此处设置的生物滞留池必须种植低矮的灌木和植被，以保证过街行人能够被机动车驾驶员看到。

3 街道中段的路缘扩展带能够有效保证过街行人的安全，不仅确保通过此处的双向机动车驾驶员及时发现过街行人，还对降低车速起到一定作用。在最窄的街道上，停车场和种植区应设置在街道两侧，并在道路中央预留能够临时转换为双向应急车辆通行的空间。

改造后

④ 街道的所有路面均可采用透水性路面,以管理地表径流。在这种情况下,采用透水路面的路边停车位可以收集从道路汇聚而来的雨水,并将多余的雨水引入路缘石的渗透设施。如果透水路面仅用于部分区域,应在改造区域和保留区域之间设置垂直衬垫,以保护常规路面的材料不受雨水侵蚀。经过改造,具有透水路面的街道可以减少对日常维护的需求。

根据道路红线和街道空间的实际情况,分级设置的生物滞留设施,可以设置在隔离带或路缘扩展带中,但前提是必须满足日后维护时底部尺寸的最低标准。在空间极为有限或人流量较大的区域,具有垂直绿化墙的生物滞留设施可能更合适。

居住区街道的植草沟,华盛顿州西雅图

潜在的GSI功能

自行车道和停车道
» 透水路面 ●

路缘扩展带(街道转角或中段)
» 生物滞留池 ●
» 植草沟 ●

人行道种植区
» 植草沟 ●
» 生物滞留池 ●
» 树井或树沟 ●

人行道
» 透水路面 ●

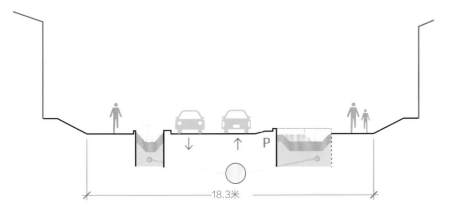

18.3米

案例研究: 巴顿CSO项目与路边雨水花园改造

位置: 华盛顿州西雅图

功能: 居住区

项目区: 15个城市街区

排水面积: 12.9公顷

道路宽度: 18.3米

参与机构: 金县污水处理部

时间轴: 2009年设计, 2013—2015年建设

费用: 510万美元

第三十四街和克洛弗代尔, 改造前

目标

雨水管理: 至少降低75%的合排污水溢出事件发生的概率。

展示可能性: 作为未来绿色基础设施改造项目的模型, 重点解决合流排水溢出问题。

概述

位于西雅图林肯公园外围的普吉特湾巴顿地区是备受市民欢迎的休闲娱乐场所, CSO项目旨在解决这里的污水外溢问题。

位于巴顿街的泵站平均每年会有四次污水外溢, 每次排出1514万升的污水。为了达到华盛顿州生态环保局设定的要求, 巴顿街所在的金县计划在未来20年内将污水外溢的次数减少至每年最多一次, 其中包括中水基础设施（泵站升级）, 以及将西雅图市域街道纳入绿色基础设施。

设计细节

金县在项目区域包含的15个街区中建造了91个带有分级斜坡的生物滞留池。当降雨来临时, 雨水通过生物滞留设施的土壤, 进入一个带有槽的排水管, 最终汇聚至深井中, 缓慢渗入地下。设计团队参考了当地的水文或水力数据, 以确定生物滞留设施的数量。

第三十四街和克洛弗代尔，改造后

设计团队将生物滞留设施设置在居住区相对平坦的非主干道上（倾斜度为5°），这里车道很少。生物滞留设施的选址也应考虑其对其他公共和私人设施的影响。种植带的宽度至少应有2.7米，并确保将其对现有街边停车场和成熟树木的影响降到最低。

成功的关键

始终明确职责分工。金县政府负责所有生物滞留设施的维护工作，包括监测植物健康，确保通往水井的路缘石入口不会被异物阻塞；清除杂草和杂物，并对排水系统进行监测。那些缺乏维护的生物滞留设施，效率会越来越低。此外，设施表面的整洁度也是获得公众认可的关键。

与社区福利紧密衔接。在项目进程中充分考虑建设施工对社区的影响，并争取得到社区居民的支持。应在项目进行的各个阶段使用图片展示的方法，使社区居民及其他利益相关者随时了解和掌握项目进度，以获得更广泛的社区支持。

为首次设施安装留出时间。该项目在进行整体的施工建造之前，应对生物滞留池、地下深井等关键设施进行审查。虽然这需要一段时间，但一旦获批并得到资金支持，街道的建设就可以顺利、快速地进行。

经验教训

避免使用行话。项目应使用言简意赅的语言，帮助社区成员了解绿色基础设施的必要性和优势。相比之下，"路边雨水花园"比"生物滞留设施"更能为社区居民所理解和接受。

成果

初步的监测和观察结果表明，那些设置了渗透设施的"雨水花园"表现得较为出色，几乎所有雨水得以渗透和过滤。

案例研究：派恩赫斯特绿网项目

位置： 华盛顿州西雅图

功能： 居住区

项目面积： 19.8公顷/ 12个城市街区

排水面积： 0.9公顷

道路宽度： 18.3米

参与机构： 西雅图公用设施部

时间轴： 初步工程：2003年—2004年，设计：2004年—2005年，建筑与景观：2005年—2007年

费用： 460万美元（其中建筑成本271万美元）

派恩赫斯特绿网项目

目标

雨洪管理： 将对地表雨洪流量的管理能力从至少"六个月一遇"（24小时降水量为2.7厘米），提升为"两年一遇"（24小时降水量为4.3厘米）。减少局部洪涝，并提高本地区的排水能力。

水质： 项目覆盖的所有区域必须达到西雅图市和华盛顿州设定的生态水质标准。

环境营造： 通过宜人的街道铺装、人行道和景观美化，提升派恩赫斯特地区的整体环境品质。

植草沟

概述

派恩赫斯特绿网项目是一个覆盖了超过19.8公顷的大型自然排水系统。这个区域的水最终汇入桑顿溪——鲑鱼栖息的城市溪流。项目位于城市欠开发地段，许多街道甚至连路缘石和正式的排水设施都没有，人行道的设置更是十分有限。

该项目对街道的整体布局做了调整，在一侧增加了人行道，在另一侧设置了大型生物滞留池。整个项目中，路边停车位均被设置在街道的一侧。

经验教训

考虑项目周边环境。该项目设置的大型生物滞留池的雨水处理能力不仅包括范围内的街道和住宅，还涵盖以此地为中心的三至五倍区域，可以同时满足周边社区居民的需求，因此无须重复建设。

提高效率。派恩赫斯特绿网项目的性价比要高于另一个项目（西雅图布罗德维尤绿网项目）。两者的投入均为460万美元，但前者的雨水处理面积为19.8公顷，后者则只有12.9公顷。

精心建立服务体系。综合考虑环境、可行性、经济影响与社会影响、效益与成本，以及地缘需求等因素，同时确定街道所需的服务水平。

成果

降低了雨洪径流量和洪水来临时的峰值，同时在项目范围内缩小了局部洪水泛滥的范围。

当地居民十分喜爱自然排水系统所营造的街道环境。整个街区成为备受周边居民青睐的散步、休闲空间。

通过过滤收集到的雨水并防止其流失，该项目保证了当地地下水的质量。

派恩赫斯特绿网项目

商业共享街道

步行在共享街道中的地位要优先于其他出行方式，机动车在此地的车速应限制在很低的范围内。许多城市中心区域的街道未能按照上述原则进行规划，因此在高峰时段显得异常混乱。共享的商业街道模式适用于步行人流量较大且机动车较少或不适宜机动车行驶的街区。

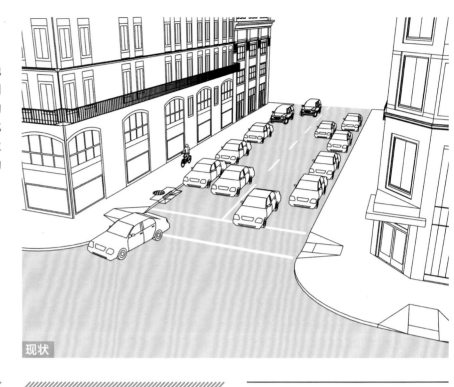

现状

现状条件

上图所示的街道是一个未被充分利用的商业街区。人行道狭窄，有时甚至被阻隔，机动车道则时而拥挤、时而空闲，这取决于一天中的不同时段。

在市区中，超速和交通拥堵会给宽阔的街道带来困扰，而在特别狭窄的街道上，卡车等大型车辆可能会将整条道路完全堵死。

平坦的街道上很容易产生积水，特别在路缘斜坡、排水沟入口、街边转角等较低区域，导致街道在一段时间内无法正常通行。

建议

商业共享街道应优先考虑公共空间，所有形式的交通需以缓慢的速度、安全地通过，步行的优先级最高。更重要的是，这些设计保证了货车的正常装卸，也满足了其他机动车的通行需求。

经过特别设计或带有透水地面的人行道能够确保步行的优先权。在街道中可以通过装饰材料和其他交通元素的变化来提醒机动车司机减速慢行。特殊的路面铺装，特别是结合了透水地面的混凝土路，应考虑维护费用和使用周期。可能会产生额外的维修费用，应基于区域气候选择具有耐久性的材料。建议气候寒冷地区选择扫雪机兼容的材料。

① 斜沟或排水沟能够直接将雨水引入生物滞留池，这些装置可设计为可视的或带有醒目边缘的区域，以便与人行道形成明确的区分。

② 如果整条道路均需要使用透水路面，街道设计应考虑等级和坡度，以便雨水沿着指定的方向汇入其中。

③ 如果有必要的话，街道家具，如凳、植物、路灯、雕塑、雨洪树、自行车停放区和柱子等，应沿着步行空间的边缘呈线性布置，这样能够起到提示步行区域的作用。同时，这些区域应考虑盲人或视力低下人群的特殊需求。

地方或州法规应做出相应的规定，以配合共享街道的运营和执法。即便如此，街道设计仍须按照共享街道的标准自我约束。

商业共享街道可以按照不同的宽度进行设计，但共享空间本身应保持狭窄，以限制机动车的速度。

在狭窄的共享街道和共享小巷，整个区域都是共享的，作为供行人通行的道路，应将机动车的速度控制在8~16千米/小时。

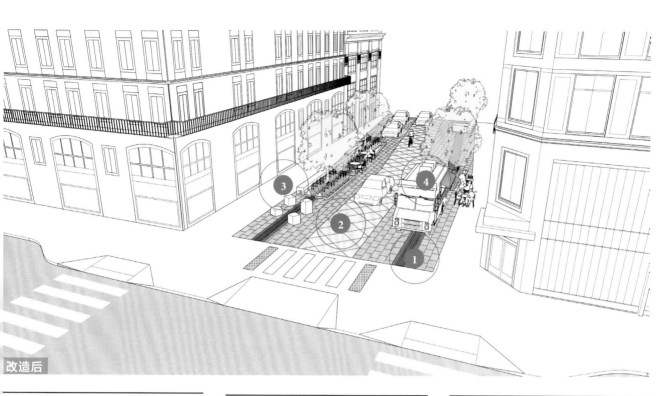

改造后

在较宽的街道上，划定一条行人专用的道路，代替传统的人行道。灯箱、铺装材料、街道家具等可以辅助划定停车位、行人通行区和机动车道等不同的空间边界。交错的景观街区、生物滞留设施，以及垂直（或平行）停车位等具有相似的作用。特别值得注意的是，这些区域应划定明确、清晰的边界。

生物滞留设施应防止地下水的渗透，否则将会对邻近建筑和地下公共设施沟渠造成损坏。在调查和规划过程中，应对邻近建筑，如地下室和公共基础设施廊道的状况进行调研，避免发生渗漏情况。

④ 商业共享街道应便于单辆卡车的进出和货物装卸，但要避免对原有设计进行过大的改动。指定的货物装卸区可以通过不同的路面铺装，或使用标线和标志进行区分。

在所有共享空间入口处设置触觉警示线。警示线必须设置在步行路线与机动车行驶路线的交汇处，如上图所示。在没有特殊人行道的街区，警示线应覆盖整个交叉路口。

通过停车管理策略来确保停车占用街道空间时，不会影响街道的日常商业活动。为货车的装卸提供专用车位，或设定特定的装卸时段，也可以结合绿色基础设施进行选址，将货运车辆的进出和装卸限制为"每次一辆"。

针对项目相关设施的日常维护，可以与邻近商铺或商店店主进行商讨与合作。

潜在的GSI功能

主要道路
» 透水路面 ●

种植区
» 植草沟
» 生物滞留池 ●
» 树井或树沟

人行道
» 透水路面

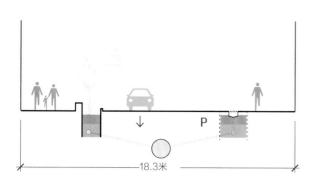

18.3米

案例研究: 阿盖尔共享街道

位置: 伊利诺伊州芝加哥

功能: 商业共享街道

项目长度: 418米

道路宽度: 20.1米

部门: 芝加哥交通部、芝加哥水资源管理部

时间轴: 2012—2015年

费用: 480万美元

阿盖尔共享街道

目标

安全性: 在以步行为主的廊道中降低车行速度,并提高行人的步行安全性。

环境营造: 通过创新的街景设计营造强烈的场所感,为附近社区居民提供了聚会空间,并允许零售商贩在此汇集。

雨洪管理: 收集并渗透沿街道汇聚的大部分雨水。

概述

阿盖尔共享街道项目是芝加哥首条共享街道,该设计旨在确保行人的通行安全。街道上配有一个广场,提升了该地区对本地商业的吸引力。

该项目涉及街道的整体重建,芝加哥市将雨洪管理系统中的大量元素融入了街道的再设计过程。

设计细节

整体抬高道路的路基,并拆除路缘石,以方便残疾人士进入广场,在营造广场氛围的同时,提供了充足的改造空间。

3252平方米的透水铺装将人行道、停车位以及共享街道空间区分开来,在视觉上缩窄了街道,也减少了不透水地面的面积。

可检测的边缘勾勒出车辆和行人空间

渗透花园在吸收降雨的同时，具有绿化效果。在阿盖尔街的雨水储蓄池周围有12个被抬高的渗透花园。另外，8个同样的渗透花园沿街分布，树木和植物不仅为街道提供了足够的树荫，还可以及时收集雨水并进行过滤。

阿盖尔共享街道

3个露天的底部集水池位于小巷入口处，当强降雨来临时，可以收集过量的雨水径流。

将车道稍微向左或向右移动，增强了街道的交通稳静化功能。

传感器可以提供关于项目水资源管理能力的实时信息，这些数据有助于未来项目的设计。

成功的关键

传达项目的经济收益。 阿盖尔街的沿街企业一直是该项目的积极支持者，很大程度上是因为该项目能带来可观的经济效益，包括更具吸引力的街景、更多的座椅和公共活动空间，以及步行或搭乘公交而来的消费者。

营造适当的监管环境。 芝加哥市议会通过一项法令，将该项目区域定义为"共享街道"，这项新的法令允许行人在街道的任何地方穿行，而不仅限于十字路口。另一项独立法令则将机动车的行驶速度限制在32千米/小时以下。

确保所有街道用户都能享受到良好的服务。 芝加哥交通部与残疾人协会、芝加哥市长办公室等单位密切协作，通过一系列精细化的设计，确保盲人对共享街道的使用权益。

经验教训

对驾驶员适应能力预判不足。 机动车驾驶员在街道投入使用的最初几周，对街道上的行驶和停车等规则产生了诸多疑惑。

在项目实施和运行后进行"售后跟踪"。 传单、简报、教学视频，以及挨家挨户的回访是改善共享街道在最初几周运营时至关重要的做法。

成果

重新设计的街道减少了31%的不透水地面。

暴雨来临时，原排水设施中89%的雨水改道进入了新的雨洪管理系统。

零售商报告指出，更具吸引力的街景和户外咖啡馆座椅使购物和餐饮环境得以显著提升。

阿盖尔共享街道

居住区共享街道

许多城市都存在一些基础性住宅或低密度的居住区。这些区域几乎没有人行道和绿色基础设施，街道实际上是共享空间，人们在同一条街道上开车、骑自行车和行走，街道上经常出现积水和裂缝。

通常，这些街道可以被重新设计为共享空间，以改善步行、骑行以及娱乐休闲的环境，并提供相应的服务，允许当地机动车通行。

共享街道的规划设计必须确保安全性，并尽可能降低机动车的行驶速度。

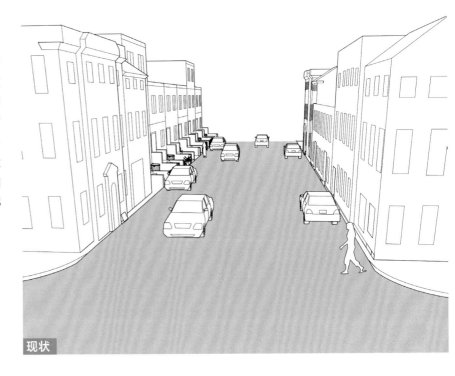

现状

现状条件

路基适应低流量的本地交通，车辆停放不规范且排水系统需要升级。

行人和机动车在同一条街道空间中，对行人而言缺乏真正意义上的人行道或其他保护措施。如果两辆车迎面行驶或一辆移动的车需越经另一辆并排停靠的机动车时，行人将被迫挤到街道边缘，因此步行环境十分恶劣。

在大暴雨期间，径流可能会漫溢至非正式的排水沟，混杂着各种污染物和杂质的雨水易在街道上淤积。

建议

1 有纹理或可渗透的路面铺装可以结合路缘石，形成真正意义上的人行道。强化"行人优先"的街道性质。特殊路面应考虑维护成本和耐久性，特别是与混凝土材质路面相结合的铺装材料，选取时应考虑冬季维护的兼容性。如果一些廊道采用了透水路面，那么相关设施的选址应尽量减小不透水地面所占的比例。

2 在右上图中，沟渠排水沟收集地表径流并导入生物滞留池，同时是共享路基和行人通道之间的边界。开放的排水沟可以用于雨水的引流，但应考虑实际的流量。

3 设置雨洪基础设施时，应抬升人行道并设置一定的坡度，以确保雨洪的收集。路面坡度应控制在1%～2%，以确保雨水不会淤积，也不影响行人的步行体验。

如果整条街区采用透水铺装，路面的高度和坡度设计应确保雨水被引流至设定的排放点。

生物滞留设施周围应设置一些低矮的植被，以防行人或机动车误闯。拥有垂直绿化墙的生物滞留设施既要保证植被不影响行人安全，又要便于日常维护。

4 街道入口的处理对保障行人和骑行者的安全感、舒适度，以及降低机动车的速度至关重要。窄点、突起的减速带和抬高的人行横道等措施均可以有效降低机动车的速度，但在设计过程应参考水流的方向。

改造后

街道家具包括灯箱、条凳、花池以及自行车停放区等，有助于界定共享空间，巧妙地勾勒出仅允许行人通过的空间。与座椅或艺术景观等相结合的生物滞留设施同样可以界定边界，既可以保护设施免受入侵，也能营造一定程度的场所感。

生物滞留设施应成列布置，特别是在与地下室和构筑物紧邻的区域。如果有必要的话，应另选位置或在生物滞留设置周围加设一圈保护层。

在某些情况下，居住区旁边应允许机动车停靠，但这需要确保人行道在任何时段不因停车而被占用。

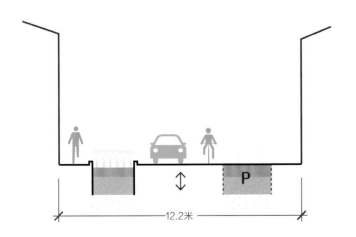

潜在的GSI功能

共享道路
» 透水路面 ●

种植区
» 植草沟 ●
» 生物滞留池 ●
» 树井或树沟 ○

停车道
» 透水路面 ●

案例研究:"路缘替代(SEA)"街道试点改造项目

位置: 华盛顿州西雅图

功能: 居住区

项目长度: 201.2米

排水面积: 9307.8平方米

道路宽度: 30.5米

参与机构: 西雅图公用事业部、西雅图
交通部

时间轴: 2001年春季完工

费用: 85万美元

第二大道

目标

雨洪管理: 将"两年一遇"的24小时持续降水的峰值流量(4厘米)降至开发前的状态。

环境保护: 减少排入鲑鱼栖息地的雨水径流和污染物。

概述

西雅图公用事业部重建了第二大道上两个街区的街道和排水系统,旨在模拟原有生态的排水模式。该项目位于琵琶溪流域,目的是减少传统排水设施造成的负面影响,在这里污水直接排入美国第二大河流入海口——普吉特湾。

名为"SEA"的街道改造项目将带有非正式排水设施的生物滞留系统引入典型的无路缘街道,同时降低了机动车交通量。

西雅图公用事业部与当地居民密切合作,完成了最终的设计方案,不仅成功植入了一批绿色基础设施的先进技术,也提升了街区居住环境的品质。

设计细节

将项目区域内原有的7.6米宽的不透水街道改造为4.3米宽的曲线形街道，在降低机动车车速的同时，也为街道两侧设置生物滞留池提供了足够的空间。

生物滞留池能够容纳总量超过70.8立方米的水，也有显著的渗透效果，项目范围内所有街道上的地表径流均能够汇入其中。滞留池拥有的三个流量控制结构，出口处均有一个直径1.3厘米的孔，以减少日常维护的压力，并在每个出水口旁边设置备用的蓄水池，以免堵塞时水无处渗透。距离居民住宅较近的生物滞留池特别设置了不透水的隔断墙，以免地下渗透对建筑的地基造成损害。

街道两边设置的"平路缘"为应急车辆提供了额外的空间，也能避免突然出现的车辆对居民的日常生活造成不必要的影响。

第二大道

100株常青树和1100株灌木美化了街道景观，形成了天然的雨水收集、储藏和渗透系统。

第二大道

经验教训

反思传统方法。 模仿自然环境的系统可能比路缘石与排水系统相结合的传统方法更加有效，特别是在一些欠开发且需要更新基础设施的地区。

评估启动成本。 项目的初期投入可能相对较高，但后期工程比传统街道改造的成本要低。

与当地居民合作。 居住区附近的街道空间通常作为私人停车位或景观花园，所以项目实施前应与社区居民重新探讨道路红线的规划设计。

成功的关键

合作。 项目的成功离不开不同部门与团队间的密切合作。

社区参与。 鼓励社区居民参与设计和施工的各个阶段，并提供清晰的图表和说明，与社区居民建立友好的伙伴关系。

成果

相较于传统路缘石与排水沟相结合的系统，该项目减少了99%的街道雨水径流。

与普通街道相比，不透水地面减少了11%。

项目的初始目标是将降水的峰值流量降至1.9厘米，但最终的评估结果表明，实际雨水吸收量远高于设计预期值。

绿色街巷

城市的街巷虽然常被认为是肮脏或不安全的，却可以在街道网络中发挥重要的作用，为城市提供必要的服务功能和公共空间。

GSI 与城市街巷的有效结合可以成为社区重建的重要组成部分，不仅为货运交通提供必要的交通线路，也能间接地为行人和自行车骑行者提供更多的通勤便利。

现状

现状条件

大多数街巷交通流量较小且路面维护不足，导致这些区域路面坑洼不平、可达性欠佳且缺少吸引力。

无论在市区还是居住区，次要街巷通常用于为大型货运车辆提供装卸、垃圾运输服务，使其不占用主要街道的路缘空间。但当这些街巷被大型车辆占据时，其他交通工具使用者很难穿越街巷。

小巷中可能设有架空的电缆或地下排水管线，需要生物滞留设施腾出空间，以便日后开展维护工作。

建议

绿色街巷设计应在其实用功能与市容美化之间找到平衡点。绿色街巷应使用可持续材料、透水铺装以及高效的渗透排水设施，为步行和娱乐休闲活动营造良好的环境。

1 重建绿色街巷时，可以采用透水铺装。例如，使用高反射率的透水混凝土，在辅助雨洪处理的同时，可以缓解热岛效应。采用透水地面的区域应避开垃圾回收和处理站，以免污染物阻塞，导致铺装的渗透效率降低。在泥泞的低洼区域，假设下层土壤可以渗透，可以直接铺设透水地面，无须再设置雨水收集系统。

2 生物滞留设施有助于营造街巷的自然景观空间，应注意将容易汇聚在道路中央的积水引流至街道两侧。

生物滞留设施应防止地下水侵入周边建筑的地下结构和其他地下管线。在调研和规划阶段应随时检查。

3 街巷和人行道之间的交叉路口可视范围较小，在设计时应降低机动车车速，以确保行人的安全。可以将街巷的路基抬高至与人行道相同的高度，或使用有几何图案的地面铺装，以辅助车辆减速。在街巷入口处应为机动车设置"停"的警示牌。

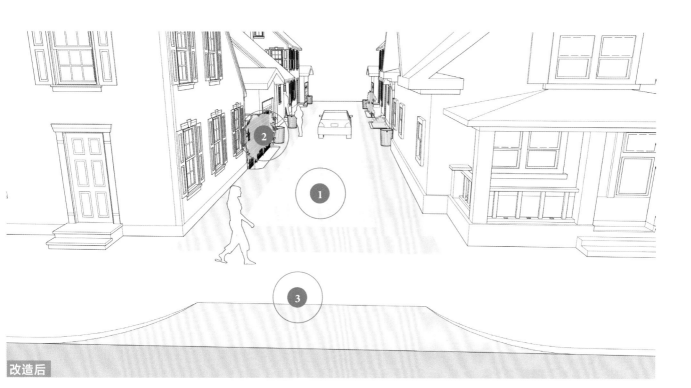

改造后

加利福尼亚州洛杉矶, 绿色街巷

在不适合设置透水路面或生物滞留设施的区域, 可以直接将街巷的排水系统与周边街道的生物滞留设施连接在一起。

为了营造安全、舒适的街道环境, 绿色街巷应为行人提供人性化照明和清晰的街道视野。建议使用低矮的地面照明, 以减少光污染。

街巷绿化和生物滞留设施的日常维护可以依托当地居民或社区, 也可以将日常维护纳入市政维护计划。

绿色街巷为周边物业提供了必要的交通条件, 也降低了行人和骑行者对主要街道的依赖。因此可以在新城开发和旧城改造中纳入适量的绿色街巷。

绿色街巷与传统街巷相比, 维护方式有很大的不同。具有几何铺装或其他材质的透水地面为日常的街道清洁和冬季除雪工作带来了一定的挑战。与共享街道相似, 如果材料使用得当、尺度适宜, 绿色街巷同样能够享受到维护设备带来的便利。与街区内商铺进行合作, 合理分配日常维护计划也是不错的选择。

货车可以利用绿色街巷进行日常装卸, 以降低附近街道停车位被重复占用的概率。低矮或平齐的路缘石为大型车辆周围的行人提供了通道。

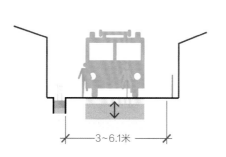

3~6.1米

在非运营时段, 在这些街巷通常限制机动车通行和停靠。在其他机动车可通行的街巷, 应限制行驶速度, 并为货车提供足够的通行空间。在狭窄的绿色街巷, 应尽量减少永久性的街道家具, 以保证行人和车辆的正常出入和通行。在较宽的绿色街巷, 可以设置适量的街灯和其他街道家具, 以及货车装卸区域, 但街道装饰不能影响货物的正常装卸。考虑货物通常用手推车等工具进行运输, 建筑出入口应尽量设置带斜坡的路缘石。

潜在的GSI功能

路基

» 透水路面 ●

建筑红线/相邻属性

» 生物滞留池 ●

» 透水路面

案例研究：约翰逊街和乘客街

位置： 田纳西州查塔努加

功能： 商业绿色街巷

项目长度： 121.9米

道路宽度： 14.3米

参与机构： 查塔努加公共工程部和 Crash Pad旅社

时间轴： 2012 —2014年

费用： 35万美元

约翰逊街

目标

雨洪管理： 在暴雨过程中收集最初2.5厘米径流，并在极端降雨事件中降低峰值流量。

防洪： 减少项目区域的洪水危害。

经济成本： 采取比传统中水处理设施经济效益更高的雨洪处理措施。

概述

田纳西州环保部授权查塔努加市政府将当地的合流制污水排水系统升级为雨洪基础设施。现有的中水处理设施易导致污水外溢，污染了美国东南部社区的重要饮用水源——田纳西河。因此查塔努加政府要求所有新建项目的排水系统必须具备收集雨洪径流的能力。

Crash Pad是当地一家很受欢迎的旅社，计划建一家新的餐馆（名为"飞翔的松鼠"，现已营业）。在餐馆建造之初，酒店所在的约翰逊街亟待改造。这条街道面临严重的排污问题，给周边餐馆、旅社以及居民区的卫生与安全带来了隐患。

新建的传统型中水处理系统耗资32.7万美元，并且不具备改善水质或减少雨洪峰值流量的能力，因此并不能满足城市新型发展的要求。查塔努加市政府和Crash Pad旅社进行PPP合作，计划将约翰逊街改造为拥有GSI的骑行与步行友好型绿色街巷。

整个系统的设计涵盖了街区的所有物业的径流，临近的商铺可以"买入"这个系统的服务，由此高档房产不必自行安装独立的雨洪管理系统。

设计细节

私人合作方购买了超过1300.6平方米的透水铺砖，为街道和周边区域提供雨水收集设施。

街面下铺设了0.9米厚的砾石，目的是收集地表的雨水，并缓慢渗透至更深层的地下土壤中。在极端暴雨条件下，溢出的雨水排入2.4米宽的地下排水管网，这一宽度比传统的中水排水系统小了很多。

通过重建，约翰逊街成为一条共享街道，并限制机动车的车速，行人和自行车骑行者可以舒适通行。

成功的关键

与合作伙伴密切协作。查塔努加市政府和Crash Pad旅社之间的密切合作关系，保证了项目的顺利实施。

抓住机会，实现多个街道改造目标。最终的设计是私人开发商和城市的共同财产，将一条容易积水的街道成功改造为具有超强雨水吸收能力的海绵街道，不仅为行人和自行车骑行者提供了舒适的环境，也确保了周边商铺所依赖的公共交通和货物装卸活动的顺利进行。

成果

该项目能够收集320.5立方米的雨洪，相当于每次降雨吸收5.7厘米的地表径流。

随着周边新项目的落成并接入系统，该街区能够收集更多的雨水，间接鼓励了未来的开发项目，尽量使用现有的雨洪基础设施，而非建造成本高昂且功能单一的中水排水系统。

改造前

改造后

工业街区

大型工业街道往往服务于制造业、仓库和重型商业用地，这些区域的交通通常以运输型车辆为主，不适合步行或自行车骑行。

然而，随着经济的发展，相较于传统制造业，酒店业及娱乐休闲产业在国民经济中日益重要。许多北美城市开始注重工业街区的"复活性开发"，旨在让工业街区重新焕发活力。即便工业区的街道上依然有货运车辆进出，但自行车骑行的交通量也在迅速增长，这些街道正慢慢变成人们的出行目的地。

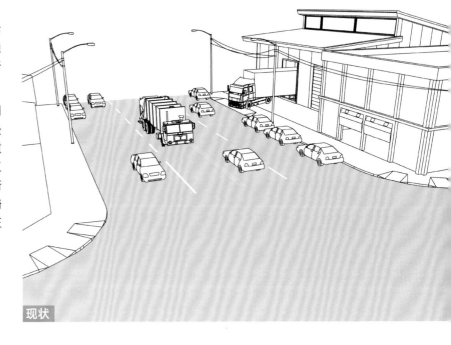

现状

现状条件

街道目前完全依赖中水排水系统，街道两旁缺少能够调节气温的绿化带。道路的路基最初是为了重型货运卡车而设计的，几乎无法为行人、自行车骑行或公交提供舒适的交通环境。街道上的行人较少。

街上的行人设施很少，现存的设施都被货运卡车占用。主要公交线路仅为本地工作的工人提供服务，公交站点的上下乘客较少且缺少候车亭。候车乘客等车和过街的环境恶劣。

街道上伴随雨水被冲刷下来的重金属颗粒、污染物碎片等，要么在厂区外处理，要么随着外溢的水流直接排入附近的水体，容易造成污染。

建议

1 街道从原来的每个方向两车道转变为单车道，并在必要时设置左转渠化车道。升级雨洪基础设施，为行人和自行车骑行者提供舒适的环境。

绿化是十分必要的，包括生物滞留设施和雨洪树，均有助于提升步行、自行车骑行和公交换乘的体验。在公交站点和街边种植区引入绿色基础设施，可以收集雨水，并净化街道空气。

2 缩短过街距离，并收紧路缘半径，有助于保证行人的通行安全。在大型货运卡车转弯的交叉路口，可以设置突起物或水泥"枕"，以确保卡车顺利转弯，并有效降低其他小型机动车的转弯速度。

3 在街道的十字路口增设自行车道，可以为绿色基础设施提供空间。例如，在自行车等候区设置生物滞留池（如果条件允许，宽度至少要达到1.5米）。自行车对透水地面铺装的损害远比机动车小得多。如果采用透水混凝土或多孔沥青路面，则应保证自行车骑行的舒适度。

如果自行车道的位置与人行道的路缘石位置相冲突，在设计时应确保两者之间保持一定的距离。单向自行车道与路缘石的最小舒适距离为1.8米。

工业街区道路上有大量货运卡车通行，卡车易产生大量颗粒污染物和碎屑，因此在生物滞留设施的入水口应设置预沉区，以免堵塞。

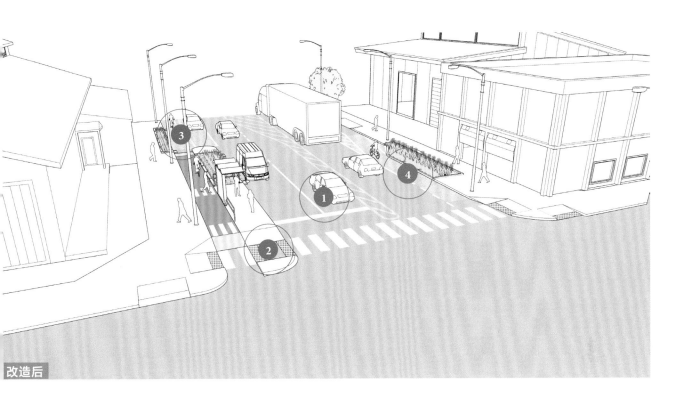

改造后

在设计初始阶段应对现有土壤进行环境污染物检测，这些区域的土壤可能已遭到污染并需要进行无害化处理。其中一些污染物颗粒还有可能随着空气流动在不同的区域传播。工业街区的改造是治理污染的好机会。

工业街区中生物滞留设施的土壤介质可以分为多层，也可以采用居住区街道所使用的混合土壤（包括不同种类的土壤），这取决于既有污染物的来源及其处理方式（包括空气和街道的地表雨洪径流）。

生物滞留设施应阻止土壤中现有的污染物伴随雨水的渗透和扩散而造成更大范围的污染。

选择一些必要的区域，设置大雨洪容量的生物滞留设施。

评估街道路网，将区域内的雨水导入可改善水质的大型过滤池。

④　停车道和自行车道均可以设置透水铺装，但应控制流入这些区域的地表径流量，因为工业区街道上的污染物淤积可能使后期维护变得更加频繁。

潜在的GSI功能

过渡区

» 植草沟

路缘扩展带

» 生物滞留池 ●

种植区

» 生物滞留池 ●

» 树沟 ●

透水路面

» 停车道或自行车道 ●

» 主要巷道

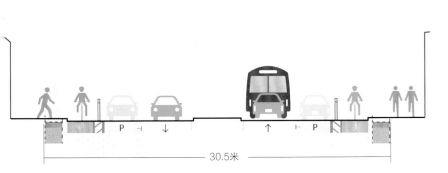

30.5米

案例研究: 塞马克路和蓝岛大道

位置: 伊利诺伊州芝加哥

功能: 工业街区

项目长度: 2.3千米

道路宽度: 30.5米

参与机构: 芝加哥运输部、芝加哥规划和发展部、芝加哥都市水资源回收区

时间轴: 2009—2012 年

费用: 1400万美元

蓝岛大道上的雨洪树、生物滞留池和透水路面

目标

雨洪管理: 减少80%进入中水设施的雨水。

案例展示: 为芝加哥未来的可持续性街道项目提供案例。

概述

塞马克和蓝岛可持续性街道项目将原先2.3千米长的破败工业街区改造为一条绿色街道。在未来城市街道的绿色生态化改造过程中,最大限度地提升环境质量,并提高交通效率。

从最初设计到材料选取,再到施工建设,该项目采用了一整套可持续发展的街道改造理念。

坐落在芝加哥皮尔森区的蓝岛大道和塞马克路全长2.3千米,是芝加哥运输部的第一个绿色街道项目。项目旨在验证在一些极具挑战性的街区如何通过设计、选材和施工等手段,营造极具吸引力、高效且安全的街道环境。项目穿越了一个重工业区,旁边有一条过境铁路,同时该街道还承载着繁重的卡车流量。

项目团队在满足街道原有的通行和经济需求的同时,考虑如何收集和储存街区雨水,以免外溢的污水给本地的水质造成污染。

设计师采用了"带状设计"模式,而不仅仅将标准化的生物滞留池和雨水花园简单地设置在街道中。为了实现设计目标,项目团队对该区域进行了深入调研。在塞马克和蓝岛项目中,每一个设计细节都是为了打造"美国最绿色的街区"。

设计细节

塞马克路南侧紧邻一条铁路,无法在此设置完整的人行道,因此设计团队改为通过大型带状生物滞留池收集地表径流。

塞马克路北侧和蓝岛大道的人行道上设置了大型渗透花园。蓝岛大道的路缘石设计成中段凸出的形式,以缩小街道宽度,达到降低机动车速度和保障行人安全的目的。

渗透花园位于集水池的上方,每个集水池都有两个入水口,使雨水流入中水系统之前尽可能多地被收集起来。生物滞留池包含一个设置在底部的初级渗透池和一个设置在人行道下方的二级渗透池。尽管本地土壤的渗透能力不是很强,这些措施仍能保证80%的街道雨洪径流被顺利地收集并存储下来。

停车道和自行车道中24.4米宽的透水铺装可以收集和渗透更多的雨水。道路本身40%的高反光路面能够缓解一定的城市热岛效应。

此外，街道铺装的光催化微型表面有助于减少一氧化二氮的污染排放，改善空气质量。

自行车道和停车道上的交错型透水路面

该项目提升了步行和自行车骑行环境（包括更宽的人行道、路缘扩展带、行人安全岛和新的自行车道），增设了新的公共广场和座椅，并优化了公交站点的遮阳设施。项目整体拓宽了一所高中门前的街边路缘扩展带和安全岛，在降低机动车速度的同时，改善了交通环境。

该项目打造了两个全新的公共广场，其中包含能够收集和处理水体的大型雨水花园，为未能充分利用的传统工业街区提供了更优质的公共空间。

生物滞留池与公共空间、步行环境相融合

经验教训

采用一整套系统的方法。高效运行的项目应当有一整套逻辑严谨的系统性方案。生物滞留设施和街道设计的所有元素应相互协作且最大限度地发挥作用。

证明投资的回报。不少利益相关者支持该项目的高额投入，因为改造街道能够带来长远的效益。

坚持内部交流。芝加哥运输部的相关部门坚持每周开会，共同商讨项目进展和实施的相关问题。清晰的交流确保了意见的统一，减少了误解和矛盾。

最小化基础设施的影响。芝加哥运输部制订了一项政策，街道一旦开始重建，街道上的公共服务将终止，因此基础设施部门和其他相关部门应合作来完成街道改造。另外，在建造雨水渗透花园的同时，不影响基础设施管线的正常运行，高效利用街道空间。

收集太阳能和风能

成果

项目在最终投入运营后超出了预计目标，即沿着街道地表渗入80%的雨水径流。

街道的维护和监控促成了新的合作伙伴关系。芝加哥都市水资源回收区和美国地质勘探局密切合作，共同对四个滞留池中雨水的容量和水质进行监测。同时，芝加哥运输部与当地一家公司签署了协议，在项目建成两年后移交街区的维护权。

项目的改进内容包括生物滞留设施、全新的LED灯以及风能与太阳能发电相结合的公交站点，总共降低了街区42%的能耗。

项目的选材大量来自本地或邻近区域供货商，以减少运输过程中的损耗。76%的原材料来自805千米内的制造商，23%的材料则来自322千米以内的制造商。

有效利用当地企业和供应链，促进了当地经济的增长。

即便有多项创新设计，这项工程的造价仍然比当年芝加哥同类工程建设期间的平均重建费用低21%。

雨洪绿道

全世界的城市都在尝试恢复那些被道路覆盖或埋入地下管网的城市溪流。

"将街道改造成溪流"项目为城市中高品质水体的管理实践创造了便利条件，同时有利于营造宜人、充满活力的公共空间。这些空间本身可以成为目的地，为市民带来全新的滨水空间。

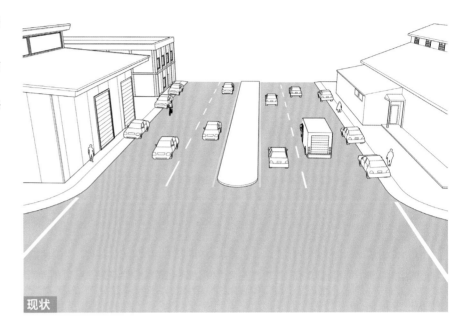

现状

现状条件

街道最初的设计是沿着溪流并行的，但久而久之溪流被掩盖，成为一个大型地下管网。

人行道和自行车设施缺少规划，机动车随意停靠，超速行为随处可见，这样的街道十分危险。

坑坑洼洼的街道铺装导致长期积水，大大降低了行人的可达性，并造成了污染物的淤积。

缺少树荫的街道导致当地局部热岛效应严重。

雨洪直接排入中水系统，持续的雨水外溢污染了附近的清洁水体，不仅导致本地水质变差，还给区域外的污水处理设施带来了巨大压力。

建议

① 保留自然洼地并将天然降雨用于街道美化，为街道的绿化和公共空间提供水源。

大型雨洪设施为创新型或高效雨洪设施提供了更多空间，包括水质处理、恢复鱼类和两栖动物栖息地，以及营造休闲空间等。根据街区所在区域的环境特点进行设计，包括本地植物、干旱的风险以及社区需求等。将溪流与区域内的其他水道连接在一起。

② 逆流的地表径流通过本地的溪流进行稀释，而本地街区中的地表径流则需要通过绿色基础设施的引导，这包括路缘扩展带种植区和采用透水地面的抬高自行车道。地下基础设施能够将外溢的雨洪引流至排水洼地。

③ 沿着街边路缘石，将雨水引入排水系统。排水口应设置金属盖，以防雨水淤积，同时防止机动车误入街边绿化空间。

④ 自行车道的透水铺装可以对来自人行道及自身的雨水进行过滤。抬升自行车道的路基，适当的设计能够为骑行者提供舒适的骑行环境，同时具备相应的雨洪管理能力，营造宜人的、极具吸引力的公共空间。

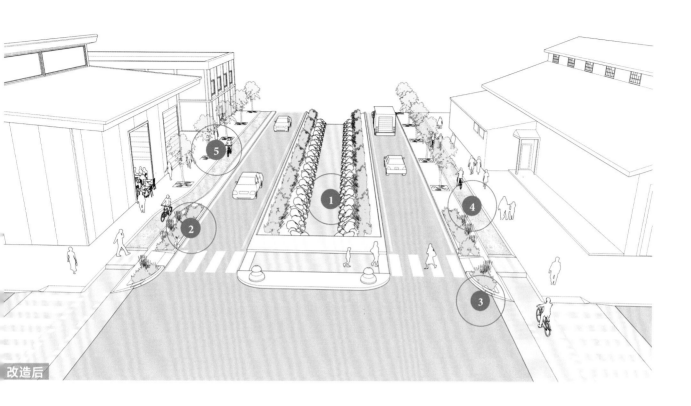

改造后

5　树木可以种植在人行道和自行车道之间，或自行车道和行车道之间。树坑的设计应考虑行人和自行车骑行者的人身安全，并保证自行车脚踏板不受路缘石、矮栅栏等障碍物的影响。可以采用网格围栏保护土壤不被压实。

人行道和种植区域内的树井应确保为树根留出足够的空间，以减少对人行道可能造成的破坏。所种树木的树冠高度和宽度应不影响行人和自行车骑行者的正常通行。

潜在的GSI功能

过渡区
» 植草沟　●

行车道和路基
» 透水路面　●

路缘扩展带
» 生物滞留池　●

种植区
» 生物滞留池　●
» 植草沟　●
» 树井或树沟　●

自行车道和共享路径
» 透水路面　●

—29.3米—

案例研究：雷耶斯河绿道

位置： 加利福尼亚州洛杉矶

功能： 雨洪绿道

项目面积： 4573平方米

排水面积： 54.6万平方米

道路宽度： 30.5米

参与机构： 加利福尼亚州环境卫生局（LASAN）和水利部

时间轴： 2013年对公外开放

费用： 340万美元

雷耶斯河雨洪绿道

目标

雨洪管理： 从项目区收集所有旱季的径流。

提高水质： 在污染物到达洛杉矶河之前，转移并过滤受污染的雨水，防治细菌污染。

增加开放空间： 在一个亟须开放空间和绿化空间的社区，雨洪设施的功能类似于公园，为人们提供公共空间。

带座椅的公共空间

概述

该项目源自一项区域性研究，即"相关利益群体的清洁河流"。项目坐落于洛杉矶河北岸的林肯高地社区，这个社区缺少开敞的绿色空间，所在的洪堡特大道缺少相应的道路规划。由于长期存在违法垃圾倾倒和大量棚户区等现象，该地区一直是洛杉矶市的一大难问题。

该地区现存的雨洪排水设施承担了54.6万平方米范围内的排污工作，并将污水直接排入洛杉矶河。美国EPA的调查结果显示，雨洪地表径流将街道、高速公路、工业设施、棚户住宅以及商业建筑的污染物直接带入了自然水体。

通过景观设计，将过去的雨洪排水系统转化为一条近似于自然水系的生态河流。大部分区域每天定时向公众开放，步道和景观桥已成为当地社区的重要公共设施。

设计细节

水动分离器和太阳能水泵将雨水从井中抽出，并通过阶梯状溢洪道形成了一个人造瀑布。水流灌溉了"瀑布"前的花园，花园中有长期在此栖息的动植物。

在梅雨季节，外溢的水流将越过石坝流入铺设在土壤之下的生物渗透池（46厘米深）中。在极端天气下，超过水位的雨水会顺着立体管道排入洛杉矶河。

经验教训

妥善安排公共访问、管理和维护等工作。 项目区域的生态环境比较脆弱，使得市民最初不敢踏入。雨洪设施团队之间的监控、运营以及持续的合作确保了区域的日常使用，并在夏季延长了开放时间。LASAN作为城市雨洪管理的主导部门，主要负责该地区的设施维护和监管。

成果

蓄水池和过滤系统能够收集大约1416立方米的雨水径流。

该项目能够在旱季收集从所在流域至洛杉矶河100%的地表径流，并将其用于本地生态系统。

该项目为社区居民提供了聚会场所和公共空间。

雨水径流通过管道进入雨洪处理设施

多功能步道与公共空间相结合的雨洪设施

项目介绍牌

交叉路口改造

通常,非网格化街区或两个不同方向的网格街区相交而形成的交叉路口十分复杂。多岔路口的再设计能够提升步行和骑行体验,同时借助较宽的路面,收集和渗透地表雨水径流。

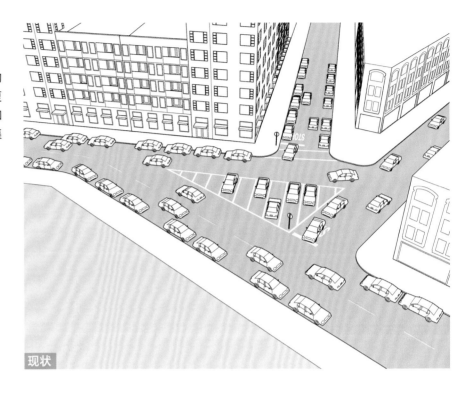

现状

现状条件

如上图所示,在两个街区交界处,多条街道在此汇聚,导致行人在过街时长距离绕行。

此处的自行车和机动车受困于混乱的交通动线。此外,机动车有可能停靠在中心安全岛,阻挡行人视线。

这些交汇区域通常存在大量不透水地面,导致地表雨水径流积水成洼,最终淹没了人行道。

建议

监测交叉路口交通的运行线路。寻找可替换的不透水地面,并合理组织交通流线。确保行人和自行车骑行者在这些复杂的路段安全通行。

在项目投入之前,对交通的再组织进行模拟和预评估。

1 减少机动车与其他街道用户可能发生交通事故的冲突点。在下页图示中,机动车的通行线路被一些平缓的弯道所代替,以简化信号和转弯操作,同时为行人提供了更多步行空间,并在一些必要的位置对过街设施进行处理。

2 在广场空间中,雨水可以通过一些高容量的生物滞留设施进行排放和储存,因此可以在传统街道空间中增设绿化带,以处理并过滤大量雨水。GSI提供了大量边缘空间,这些区域是设置座椅等街道家具的最佳选择。广场同样可以为一些固定性活动提供可移动的座椅和桌子。

广场上的树荫和遮挡设施也是促使人们在此逗留的重要因素。

3 联排种植的树木不仅能收集和过滤雨水径流,还能为行人提供足够的阴凉,提高步行的舒适度。单体的树井所占空间较小,因此在宽度不足的人行道或人流量较大的区域适合种植单株的树木。使用矮围栏或路缘石,以防行人意外闯入,并避开交叉路口和路缘坡道进行设置。

改造后

在街边拐角处或行人可能通行的地方，
应避免设置排水格栅和储水池。

第四十七大道和欧几里得大道，俄勒冈州波特兰

潜在的GSI功能

广场/路缘扩展带

» 生物滞留池　　　　　　　　　　　●
» 植草沟　　　　　　　　　　　　　●
» 树沟　　　　　　　　　　　　　　●

种植区

» 生物滞留池　　　　　　　　　　　●
» 植草沟　　　　　　　　　　　　　●
» 树井或树沟　　　　　　　　　　　●

自行车道/停车道

» 透水路面　　　　　　　　　　　　●

案例研究: 华盛顿巷和斯坦顿大道

位置: 宾夕法尼亚州费城

功能: 交叉路口的改造

项目面积: 809平方米

排水面积: 1214平方米

道路宽度: 12.8米

参与机构: 费城街道管理局、费城水务局

时间轴: 2014年开放

费用: 42万美元（其中30万美元用于街道改造，12万美元用于绿色基础设施建设）

华盛顿巷和斯坦顿大道

目标

雨洪管理: 从附近街道收集雨水径流。

改善水质: 在雨水排入托尼-弗兰克福河流域之前，对雨水中的污染物进行过滤和处理。

确保交通安全: 减少右转车道，提升行人通行区的品质，重新设置交通信号灯。

示范作用: 为各部门间的密切合作提供范例。

概述

斯坦顿大道是费城西北部的一条主干道。2013年，费城街道管理局开展了道路拓宽和交通信号灯重设等一系列安全性投资工作。在设计初始阶段，费城街道管理局与水务局协商，尝试在一些交叉路口引入绿色基础设施，在改善雨洪管理和街道结构的同时，确保交通安全。

费城水务局在街道管理的方案中引入了雨水花园，该花园代替了斯坦顿大道和华盛顿巷原有的右转车道。在主要道路交叉路口处设置了一些小型广场，引入了绿化和优化步行环境的设计理念。

设计细节

关闭从斯坦顿大道高速右转至华盛顿巷的车道，取而代之的是全新的雨水花园和步行空间。为了进一步降低机动车的速度，缩小右转道的转弯半径，从而缩短行人过街距离。右转道的拆除可缓解斯坦顿大道北侧的自行车道和机动车之间的交通冲突，保证所有通行者的人身安全。

三个雨水花园，通过分层设计和大型过滤区，对雨水径流进行储存和净化，与此同时，步行环境的品质得以提升。每个生物滞留池均46厘米深。沟渠排水沟将雨水从路边引至雨水花园，每个花园都由不同的排水沟隔开。

一条人行道将斯坦顿大道对面的雨水花园从中间分开，提供了一条从街角店铺门前至交叉路口的通道。抬升人行道上的路缘石，并在街道两侧种植低矮的灌木，在保证行人及时发现道路边界的同时，为人行道与生物滞留池之间提供了柔和的过渡屏障。

雨水外溢控制系统负责将多余的雨水引入污水系统。

经验教训

政府各部门的合作与交流促进了绿色街道项目的顺利实施。各部门间的密切合作相当于为绿色街道的建设和投资上了"双保险"。

成果

蓄水池和过滤系统管理了大约65.9立方米的雨水径流。

该项目的成功实施增强了费城水务局和街道管理局的信心。在特莱顿街和诺里斯街的一处大型交叉路口，以及佩恩路改造项目中，将雨洪管理系统和高品质自行车骑行和步行设施进行融合，是这两个部门今后继续进行的街道改造项目。

雨水径流通过三个生物滞留池进行过滤

特莱顿街和诺里斯街

佩恩路

4 雨洪要素

加利福尼亚州旧金山，纽科姆大道

绿色雨洪要素

GSI 设计工具涵盖多种设计元素，这些设计元素必须具有可选择性、可调整性和可配置性，以满足不同项目的背景要求，并实现既定的目标。多种绿色元素可以在街道内组合使用，以便高效管理雨水径流，改善多方式交通的机动性，美化街道景观，最大限度地发挥基础设施的功能价值。

生物滞留池

生物滞留池是由垂直壁面、平整底部区域以及大表面容量构成的雨水渗透设施，可以收集、处理和管理来自街道的雨水径流。

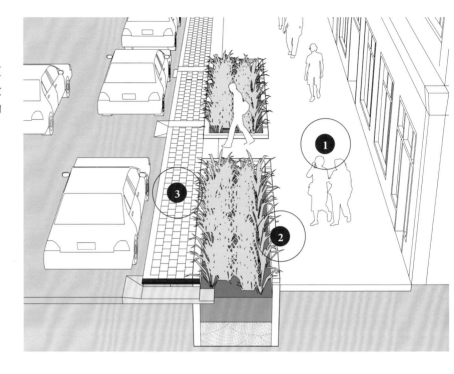

应用

生物滞留池是具有垂直壁面的设施，最大限度地扩大了设施的底部面积，提升了临时储存的水量。

生物滞留池几乎可以设置在道路红线内的任意位置，包括人行道上的街道家具区域、道路中央分离带和步行街上，还可以沿用地红线设置。

生物滞留池可以适应各种城市街道环境，具有可变的深度、边缘结构和备选植被类型，尤其适用于街道宽度受限或多方式交通机动性较强的地方。

益处

生物滞留池比植草沟具有更强的雨水滞留和渗透能力。

生物滞留设施适用于大多数城市环境，并且易于调整，可以在有限的空间内提高土壤入渗率。

注意事项

垂直墙面的高度取决于积水深度、路面的坡度和设施的底部坡度。施作时工作人员需要进入设施底部，所以应考虑操作和维护的便利性，以及人行道和道路旁的垂直落差是否影响街道用户的整体舒适度。

垂直墙面通常使用混凝土（预制或灌注），也可以使用其他材料（如岩石）。

水在渗入媒介时可能横向渗透，从而渗入邻近的地下室和建筑。增加墙壁的深度或使用衬里，可以减少水的横向渗透。

新建设施可能在1～3年内需要进行灌溉，再生水可用于弥补资源需求，这需要更多的地下基础设施。

关键点

在设置路边生物滞留池时，应保证人行道的通行能力不受影响。生物滞留设施不得占用行人空间、指定的无障碍停车位或装卸区。[1]

设施的尺寸必须满足支流的径流负荷要求。为了防止单个设施超载，可将多个设施连接起来。

为了防止昆虫繁殖和细菌、藻类的形成，必须在暴雨过后的24～72小时内（视降雨频率而定）对设施进行排水处理。

建议

设施底部通常应至少1.2米宽，以保证植被拥有足够的生长空间。在自行车道缓冲区或受限制的人行道等特殊环境下，设施也可以窄一点，但设计时必须考虑植物的生长空间、生态滞留能力和实施成本。

设施的最大深度通常在15～23厘米，在人流量较大的区域，人行道与土壤间应保持30厘米宽的距离，以防行人坠落。建造更深的生物滞留池需要更为坚固的屏障，如栅栏或栏杆。[2]

1 在行人活动量适中或较高的地方，应在设施边缘与建筑之间为行人活动留出净宽2.4～3.7米的空间。在行人活动较少的地方，净宽不低于1.5～1.8米，以允许两人同时通过。

2 提供可被拐杖或其他辅助移动设备检测到的路缘，以防残疾人士不慎进入。例如，10厘米高的路缘或矮栅栏（不高于61厘米）。

植物至少长到墙面高度（最好错落有致），可作为视觉屏障，防止行人误入。

生物滞留池出口区，宾夕法尼亚州费城

3 设置在路边停车场附近的生物滞留设施，应沿着路边设置一个供车辆进出的出入口，避免土壤因被踩踏而压实，路缘面宽度通常为0.9米。在路缘和行人通行区之间设置宽约1.5米的固定通道。

设施边缘与人行道之间的固定通道较短时（长度为6.1米或更短），可以在有限的人行道区域内设置更窄的出入口。路缘面后31～46厘米的压实路面可供车辆进出。在每个街区和主要出行目的地，为使用辅助移动设备的人提供指定的无障碍停车位和装卸空间，并设置无障碍通道。

30厘米宽的生物滞留池，纽约州纽约

可选建议

为了提供树荫和改善步行环境，可以将雨洪树和生物滞留池结合设置，以便更好地利用树木的蒸腾作用，实现高效的雨洪管理。确保树木的根系有足够的生长空间，并根据当地的气候特点选择适宜的树种。如果没有足够的空间供根系生长，则应将中大型树木种植在设施外围。

座椅、信息牌等城市设计要素可围绕生物滞留设施设置，以形成屏障，在保障行人安全的同时，美化街道景观。

信息标牌能够增强可视性并吸引公众，俄勒冈州波特兰

典型尺寸（未按比例说明）

靠近停车场的生物滞留池

靠近停车场的生物滞留池应提供至少46厘米宽的水平区域，向生物滞留池排放的横向坡度为0.5%～2%。

靠近路边行车道的生物滞留池

靠近路边行车道的生物滞留池可能不需要从路旁额外偏移（61厘米宽的水平区域可以简化维护），低路缘或矮栅栏可防止他人进入。

生物过滤池

由于原生土壤等环境特征或其他制约因素，无法实现渗透的地方，生物过滤池可以采用不透水地基，通过排水引导雨水径流。收集雨水后，通过土壤介质过滤径流，再利用地下排水管道引导径流。生物过滤池有助于水质处理、减少径流量，可以设置在受限的道路用地上。

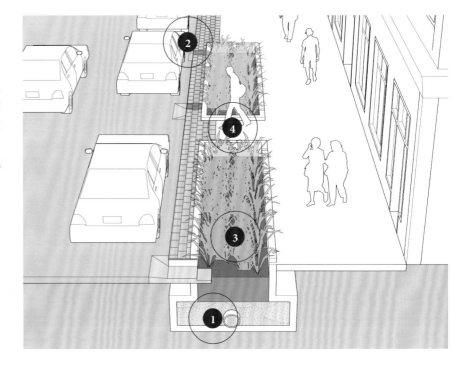

应用

在不利于雨水渗透的区域，如建筑旁、受限制的场地或污染区，要么邻近陡坡（＞4%），要么土壤已经被污染，总之，不利于雨水渗透。在这种情况下，可以通过非渗透性生物过滤池进行排水和处理水质。

路基上的生物过滤池底部可由混凝土制成，或者将一个衬垫附着在过滤池的侧壁上，以防雨水渗入土壤。

益处

生物过滤池具备降低雨洪峰值流速和雨洪水质处理的能力，并且可以灵活地设置在不可能或不需要渗透的环境中。

注意事项

地下排水管道与雨水管道系统可以直接连接在一起，或者在管道的末端设置一个孔板控制结构来调节排水速度。如果将孔板设置在设施内，还可以兼有控制溢流的作用，而将其设置在设施外时，将便于维护。

安装生物过滤池所需的总体挖掘量随地下管道层数的增加而增加，这意味着过滤池需要占用更多空间（例如，人行道或道路边缘），以便安装较深的设施墙。

在特定的人行道或街道条件下，过滤池还应加建地基，以防生物过滤设施的墙壁横向移动。

关键点

土壤和排水岩层必须用土墙（材料通常使用混凝土）或衬垫包裹起来，以防雨水渗入周围土壤。

1. 在设施底部安装有孔的管道，收集处理过的径流。

2. 使用凸起的排水沟或路缘切口，将超过设计雨量的溢流排回中水系统。

设施应在24~72小时内完成排水。

建议

3. 最大限度地增加生物过滤池的表面积，特别是当多个过滤池的蓄水排入下层连续的岩层时。

4. 每隔6.1~12.2米设置一个行人穿越口（至少1.5米宽），以便行人到达路边。开口也可以用于分离过滤池。

种植适合每个地点或微气候的原生植物，以应对季节性洪水或干旱，灌溉和维护工作也会更省心。

可选建议

设置矮栅栏或硬质铺地，阻止行人踩踏，以防土壤被压实。

座椅应当位于设施边缘，以改善公共空间。检查从长椅到底部的垂直落差，如果落差超过76厘米，应确定是否在长椅后面加设围栏或倚靠栏。

生物过滤池旁边起到屏障作用的集成式座椅，华盛顿州西雅图

植草沟

植草沟是带有坡状侧面的浅层景观洼地，呈植物状，旨在收集、处理和渗透顺流而下的雨水径流。相较于生物滞留与渗透设施，植草沟建造成本较低，但占用空间较大，可用于处理低至中等的雨水径流。

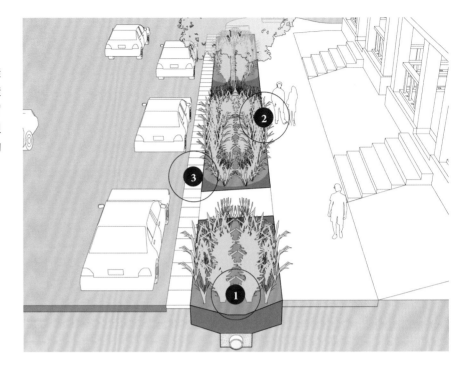

应用

植草沟在低密度的交通环境中最为适用，因其与人行道和街道在垂直方向上几乎齐平，且占用地面积较大。植草沟通常设置在居住区附近，一般沿着公共道路、道路中央分隔带、环形交叉路口或其他未使用的道路用地设置，也可将其设置在沿街的较大种植带或路缘区域内。

相较于具有固定垂直墙壁的生物滞留设施，植草沟在设计和种植上具有更大的灵活性。

在铺有过多沥青的街道上，如坡道或过宽的路缘半径，植草沟可以作为雨洪街道设计的一部分，以保障街道安全，营造宜居的城市空间。

益处

植草沟可种植的植物种类十分丰富，以打造动植物栖息地和绿地，还可以在植草沟底部、斜坡或植草沟之间的护栏中种植不同的雨洪树，灵活性较大。

植草沟的斜坡为从邻近道路或人行道到设施单元底部的坡度提供了过渡。

安装完成后，斜坡的调整比固定设施简单得多，而且更易于定位地下公共设施的接入点。

通常，植草沟相对较浅（一般深度不超过61厘米），即使行人或机动车不慎坠落其中也不会造成过于严重的后果。

植草沟平坦的底部为维护人员提供了站立的空间。

思考

① 植草沟底部被拓宽或当坡度更陡时，设施可以蓄积更多径流。底部通常至少30厘米宽，但根据设施底部斜率和可用空间也可能有所不同。在某些情况下，平均底宽可达到46厘米。

斜坡坡度的设定应考虑土壤的侵蚀能力、维护的可操作性，以及植草沟是否位于车辆易偏离道路的地区（如交叉路口附近或快速路上）。注意是否有路缘，并根据附近的步行环境和活动水平，预计行人不小心走进植草沟的可能性。

建议

街道径流通过路缘切口、沟渠排水沟或管道引入植草沟，或在无路缘的条件下形成片流。

斜坡坡度应根据土壤侵蚀能力、种植能力、可维护性、行人和机动车进入植草沟的可能性来确定。1：4的斜坡坡度比较适合城市环境，可以在行人舒适度和景观构建之间获得平衡。小于1：3的坡度有利于植被生长和设施维护。

根据项目区域的具体情况，人行道一侧和街道一侧的坡度可能有所不同。

② 在行人有可能进入植草沟的区域，硬质铺地能标示设施单元的边界，如短栅栏，使设施免遭踩踏。人行道和街道之间的行人通行区也会降低行人进入植草沟的可能性。

③ 在路边停车量较大的地区，可以在路边铺一条30~61厘米宽的混凝土带。为了确保行人的舒适度，可以将出入口的坡度调整为1：3。

压实植草沟边缘的水平区域，使其足以支撑行人、车辆以及使用自行车、婴儿车或轮椅的人们，他们可能会从邻近的道路或人行道上进入植草沟。在边缘区域使用坚硬的天然土壤，边缘的土壤应压实到95%的密度。

可选建议

如果条件有限，1：2的坡度也是可以接受的。这样的设施总体深度较浅（通常为30厘米），如果植物不能很好地生长，则更容易受到土壤的侵蚀。

本地的大石头和鹅卵石除了具有美化环境的作用外，还可以增加垂直坡度，以及避免侵蚀。

渗透廊道可藏于拱形人行道下，以增强滞留能力。

在植草沟内种植草或草坪时，采用1：3或1：4的斜坡，可以降低除草和维护的需求。

底部宽度可能是均匀的，如果设施向下倾斜，其宽度可能会逐渐变窄，从而在整个设施中形成一个均匀的洼地。

如果植草沟深度超过30厘米，则需要额外的坡度作为保护或加固措施。

植草沟，华盛顿州西雅图

植草沟，华盛顿州西雅图

栽种雨洪树的植草沟可用来储存雨雪，明尼苏达州明尼阿波利斯

典型尺寸（未按比例说明）

靠近停车场的植草沟

靠近停车场的植草沟应提供至少46厘米宽的路边台阶，理想的斜坡为1：4，最大不超过1：3。边坡越陡、设施越深，越要留出舒适的退出空间。

无路缘街道

提供至少61厘米宽的水平区域，沿两边种植低矮的植物或设置垂直警告标志，以防行人进入。最大积水高度应低于街道或人行道坡度，以免被水淹。

混合生物滞留池

混合生物滞留池结合了植草沟和生物滞留池的设计元素，特点是在斜坡对面增加一堵墙，以增加植被空间和渗透面积，同时为行人提供更多的绿色景观。墙面或坡面均可设置于街道或人行道附近，使用混凝土、岩石或钢面路缘石等材料。

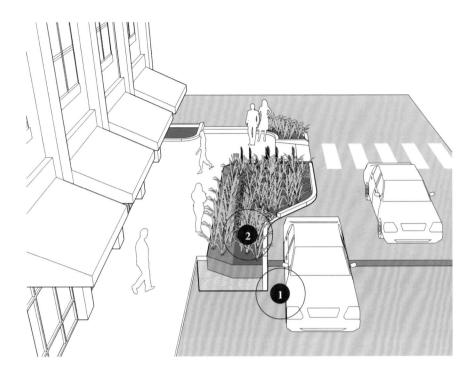

应用

混合生物滞留池可用于低至中等密度、低交通流量的环境，通常设置在住宅区的种植带中。这些种植带不够宽，不足以容纳完整的植草沟，但可以容纳混合生物滞留池。

益处

混合生物滞留池可以协调雨洪管理策略与空间需求，适用于大部分街道。

未来对公共设施进行翻新时，相较于难以调整的固定垂直墙体，斜坡设施在建设后的调整与改动相对简单。

注意事项

人行道和路缘之间的空间可能会影响混合生物滞留池的设计。如果空间受到限制，人行道一侧的垂直墙体可能需要更小的占地面积。

混合生物滞留池应与街道树木相结合。斜坡通常是最适合种植街道树木的地方，既可以防止垂直墙体阻碍树木生长，又能避免地下基础设施的位置与规划的雨洪树根系空间产生冲突。

在决定是否在街边或人行道边的斜坡上种植树木时，应分析树木的树冠是否会遮蔽街道或人行道，并为自行车设施（通常为2.4~4.3米宽）、人行道或行车道制定明确的垂直空间规范。

1 当垂直墙位于街道一侧时，该墙的设计应支撑车辆荷载。在这种情况下，应在施工过程中重铺部分街道。

当垂直墙位于人行道一侧时，该墙的设计应支撑行人荷载。在这种情况下，可能需要建造有结构的基脚和支撑。

建议

与生物滞留池和植草沟一样，46厘米深（从人行道边坡到设施底部）和1：2.5的斜坡，有助于在滞留能力和邻近车道的机动性之间达到平衡。在高度上，混合生物滞留池通常比有矮墙围合的滞留池要低，因为坡度边缘需留有一定的宽度。

② 基于雨洪管理，91厘米是较为理想的底部宽度，方便维护人员进入设施。宽度可以沿渐变的边缘不断变化，特别是沿纵向坡度，以形成更大的渗透面积。

迪威臣街，俄勒冈州波特兰

典型尺寸（未按比例说明）

靠近停车道

46~91厘米
5~15厘米
91厘米
30厘米（理想）
0.5%~2%

靠近停车道的混合生物滞留池应提供一个路边水平区域；1:4的斜坡是首选，边坡越陡、设施越深，越应留出舒适的退出空间。

靠近路边行车道

46厘米
30~46厘米

靠近路边行车道的混合生物滞留池应提供至少46厘米宽的水平区域，以便工作人员进行维护。

无路缘街道

61~91厘米
30~46厘米

沿所有侧面提供至少61厘米宽的水平区域，采用低矮的植物或设置垂直的警告标志，以防行人进入。

雨洪树

雨洪树除了具有巨大的社会和美学价值外，还为城市提供了可量化的经济和生态价值。健康的雨洪树具有蒸发水分、拦截雨水和处理水质的能力，可以为雨洪管理做出重大贡献。

博伦大道，华盛顿州西雅图

应用

树井是单独放置树木的槽。通过设置围墙保护土壤免受压实，有利于雨水的储存。

树沟是线性的树槽，通常存在一个地下系统，用于在一系列树木之间分配雨水径流。树沟通常建在人行道上街道家具区域中或道路中央分离带上。

益处

雨洪树可以通过吸收降雨、蒸发水分和控制径流，为雨水管理做出重大贡献。

城市中，已开发土地的不透水地面所占比例较高，导致了严重的城市热岛效应，城市温度可能明显高于周边农村地区。雨洪树可以通过蒸腾和遮荫来缓解城市热岛效应。

城市空气污染主要来源于车辆尾气排放和化石燃料燃烧。空气污染会危害公共健康，加剧呼吸系统疾病和心血管疾病的发病率。雨洪树在改善空气质量、去除空气污染物和过滤颗粒物等方面发挥着重要作用。

雨洪树可以在视觉上缩小街道范围，并提供明确的路缘，以降低机动车的速度，减少车祸发生的概率，保障街道用户的人身安全。

雨洪树在街道的宜居性、抑制噪声污染、改善心理健康、减轻压力、增加审美价值、增强地方归属感等方面发挥着巨大作用。

雨洪树具有可量化的经济效益。在绿树成荫的街道上，建筑能源消耗（成本）更低。相关研究表明，雨洪树可以增加当地的房产价值，提高企业销售额。[3]树荫可以缓解路面老化，减少维护需求和成本。

城市林业有助于缓解和适应气候变化。雨洪树可以吸收并储存二氧化碳，通过降低温度和地表反照率，减缓天气变暖现象。

注意事项

在有围墙的种植区内种植雨洪树时，中型或大型树种需要足够的设施宽度才能健康成长。

较小的树木可能有较低的分枝结构，当较小的树木种植在凹陷的种植槽内时，树木分枝会延伸至人行道上，形成障碍。因此在选择树种时，应考虑树枝的高度，并定期修剪。

如果该设施有一个地下管道，可能会影响树木种植，也无法保证排水管和垂直墙壁之间的间隙。为了在雨水滞留池中顺利栽种下树木，可以扩大设施之间的间隙宽度，并统筹考虑街道的规划设计。

关键点

为人行道或雨洪树设置树坑和沟渠时，应为树木的根系提供足够的生长空间。随着树龄的增长，根系生长空间的不足可能会影响树木的健康生长；此外，树木的根系可能使人行道变形，形成安全隐患，并由此带来昂贵的修复费用。应设置根系生长屏障，直接将根引导到合适的生长区域。

栽种适合当地气候条件且类型各异的树木，有利于雨水渗透和雨洪管理。在选择树种时，应考虑区域气候和未来的气候变化。在冬季，选择耐盐树种，并考虑积雪储存需求。

对于人行道街道家具区域内的树木，应设置一个合适的入口，用于收集雨水径流并分散到树槽中。这个入口可以是路缘切口或洼地，或通过毛细作用进行水循环的集水池。

当树木与自行车道相邻时，应确保树枝不会妨碍自行车骑行者。悬在自行车道或街道上的树枝，距离自行车道或街道表面应不低于2.4～4.3米（取决于城市街道的具体情况）。[4]

雨洪树，华盛顿州西雅图

雨洪树井，肯塔基州路易斯维尔

建议

种植多样的、适宜当地气候和环境的树种。这些树木可以为不同种类的鸟类和野生动物提供食物和栖息地，并增强对不同种类疾病的抵抗力。混合栽种常绿植物和针叶树，以保证全年的收益。

可以提供充足的阴凉和树冠茂盛的树种，特别是在人们经常聚集、停留的公共空间。

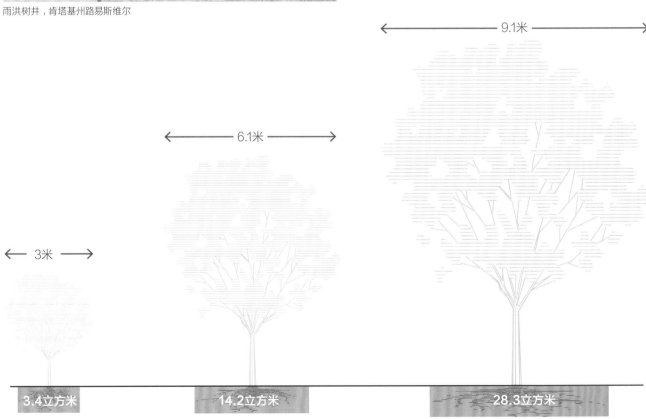

3米	6.1米	9.1米
3.4立方米	14.2立方米	28.3立方米

较大的树木需要更多未压实的土壤空间，以便根系的健康生长。不同的树种有不同的要求，一棵树冠9.1米宽的树大约需要28.3立方米的根系空间，才能茁壮成长[5]

透水路面

城市中覆盖的大量不透水路面是造成城市洪涝灾害的根本原因。使用可渗透性路面材料，可以降低不透水表面的覆盖率。基于此，水能够通过街道和人行道自然渗透，减少雨水径流。

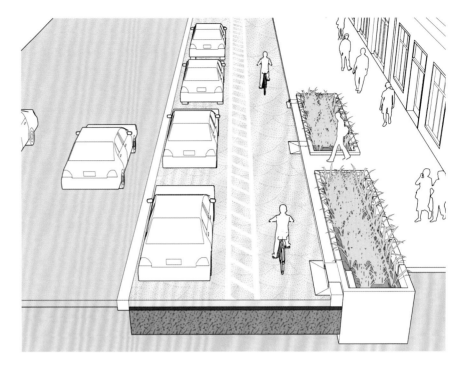

应用

多孔沥青、透水混凝土、可渗透混凝土铺路，以及网格铺路都能使雨水直接从路面向地下渗透，只要有合适的地表和地下条件，这些材料可以应用在街道的任何部分。

透水路面常用于自行车道、停车道，以及车辆交通流量较低且重型车辆数量有限的街道。人行道也可以使用多孔混凝土来增加渗透面积。[6]

益处

透水路面增加了渗透空间，特别是对小巷或蜿蜒的路线而言，在不牺牲空间或不影响机动性的情况下，可以解决洪涝灾害带来的诸多问题。

不同类型的透水表面可应用于不同的环境，以提升城市环境的功能和品质。

思考

透水处理的方法必须根据环境和预期用途来确定。透水路面通常不适用于经常有重型车辆行驶的街道，频繁的刹车和起动会在路面上施加额外的作用力。

连锁型路面铺装可能会降低表面的平滑度，产生无障碍通行的问题。

对区域内的路面进行评估，找出易被侵蚀或易产生扬尘的路面（如砾石车道）。为了清除沉积物，应在这些区域进行频繁的街道吸尘工作。

可渗透的街道路面需要定期保养。制定详细的计划，划分责任，并对可渗透的人行道进行适当的清洗和维护，包括清扫或吸尘，以去除油脂和其他沉淀物。

可渗透的人行道坡度不宜设置得过大（小于5%），以保证雨水顺利渗入。另外，应提高地下的蓄水能力。

在积雪天评估运行情况。避免将雪堆放在可渗透的人行道上，因为这些地方会出现高浓度沉积物，从而增加可渗透路面的清洗难度。整合可选的开路和除冰技术，以延长基础设施的使用寿命。

对于连锁型路面，应定期更换铺砖使用的集料，防止集料松动而散落在路面上。

多孔混凝土停车线，加利福尼亚州文图拉

建议

可渗透的自行车道宜采用多孔沥青或混凝土，而非连锁铺砖，因为铺砖可能会随着时间的推移而发生沉降，从而影响自行车骑行的舒适性。

如果自行车道与路缘相邻，不建议设置排水沟，而应将透水路面铺设在路缘上，以免水绕过透水路面而流入排水沟。路缘石还可以延伸至地下，作为阻止水横向流动的屏障。

自行车骑行者通常更喜欢多孔沥青和透水混凝土路面，路面的空隙很小，而且十分光滑，比较适合骑行。自行车道的材料宜选择含水量较低的集料混合物。

检查整条道路（不仅仅是停车道或自行车道）和邻近区域的可渗透路面系统上的径流量和特点。如果不从源头上处理沉积问题，将增加清洗路面的维护频率，特别是来自具有侵蚀性土壤地区的雨水径流。[7]

虽然自行车道不是污染生成表面，但如果自行车道从邻近的污染生成表面（如停车场或行车道）接收雨水径流，则需要检查水质是否符合当地监管要求和规范。在某些情况下，在雨水渗入地下土壤之前，应在路面下加设水质处理土壤介质层。

多孔沥青增加了佩尔西街的渗透性，宾夕法尼亚州费城

抬升自行车道中的多孔沥青强化了与行人区的对比度，并缓解了冬季的结冰现象，马萨诸塞州剑桥

透水连锁型路面，印第安纳州印第安纳波利斯

案例研究: 亚特兰大东南部透水铺路工程

位置: 佐治亚州亚特兰大

功能: 居住区街道

项目长度: 6.4千米

道路红线宽度: 不确定

道路宽度: 12.8米

参与机构: 亚特兰大公共工程部和水域管理局

时间轴: 2012年确定方案, 2015—2016年施工

费用: 总计1580万美元, 包含110万美元的公共服务津贴以及三年的维修费用

路基上透水路面的渗透由连接在地下的路边生物滞留池进行补充

目标

防洪减灾: 防御"二十五年一遇"、持续时间超过4小时的强降雨。

雨水管理: 减少流入城市合流制排水系统的雨水量。

概述

2012年, 连续两次的强降雨导致亚特兰大市以及梅卡尼克斯维尔和萨默希尔地区发生了严重的水灾, 因此亚特兰市大设立了基金会, 用于改善当地的雨洪管理。上述地区60%的地面为不透水地面, 且处于合流排水管网的堵塞点, 所以大雨易引发城市水灾。市政人员研究了整个排水系统, 重新梳理了排水模式, 最终确定了项目施工区域和目标。

项目覆盖了上述地区长度达6.4千米的街区。将这些街区的路面改造成透水铺砖路面, 可以让雨水径流渗入街道表面, 缓解雨洪及溢流情况。

设计细节

通常, 应在新项目中使用绿色基础设施, 以抵御降雨产生的地表径流。该项目的目标是防御"二十五年一遇"、持续4小时的强降雨 (约9厘米的降雨量)。

该项目包括在泛洪区和排水系统上游铺设约6.4千米的透水铺装。原计划铺设9.6千米, 但因设施冲突, 导致长达3.2千米的街道无法铺设。在该项目之前, 美国尚未有整条街道铺设透水铺装的先例, 但该项目的目标是尽可能多地管理雨水径流。

设计师保留了路面上的路拱, 使雨水在整个透水铺装层被填满的情况下仍可以从道路两侧流走。在透水铺装层之下, 0.9~1.2米深的集料提供了足够的储水空间, 在结构上也足以支撑机动车交通和公共交通。

克拉姆利大街东南段

除了透水铺砖之外，亚特兰大市整合了大约30个雨水滞留池，用于收集道路两侧的雨水径流。生物滞留池的土壤表层位于浅浅的碎石土层上，与透水铺装下的碎土石相连，由此让滞留池中的植被在降雨较小时得到灌溉。

道路两旁设置了防水层，防止雨水渗入居民住宅。

项目区域内部分坡道的坡度可达到13%，这给铺设透水路面带来了一定难度。在陡峭的坡道，每隔4.6~6.1米设置一个防渗衬砌闸，以分散雨水径流，让地下土层更好地吸收雨水。

关键点

包含后期维护的项目施工承包合同。在将项目承包给施工承包商之前，亚特兰大市已完成了60%的项目设计。承包商负责三年的项目维护工作，包括修复裂损的路面和街道清洁。三年之后，由亚特兰大市政府承接项目维护工作。

工人们将铺路石铺在0.9~1.2米厚的碎石层上

经验教训

沟通是关键。项目建设期间须在短期内封闭私人车道，所以亚特兰大水域管理局要求承包商在项目施工期间全程配备信息公开人员。

对设施冲突进行预判。公共服务设施、电车轨道、天然气管线等给项目施工带来了一定的困扰。尽管项目施工范围需要修改，但设计合同仍提高了城市应对预期外设施冲突的能力。评估现有公共服务设施，维护使用状况良好的设施，留出相应的时间和经费，在必要时更换某些设施。

明确维护重点。在6.4千米的项目区域内，项目团队细致地划定了需要特别注意的地方。使用环保空气清扫机，进行常规的街道清扫。

成果

除管理雨水径流之外，生物滞留池和透水铺装有助于车辆减速。

在部分地区安装流量监控设备和滤水井，以检验系统的运行情况。虽然现在评估效果还为时过早，但初步结果显示，合流排水系统得到了改善，有助于缓解城市内涝。

华盛顿哥伦比亚特区

绿色基础设施的配置

随着全新的雨洪街道设计手法日臻成熟并成功应用于实际项目中，城市街道的安全性和可达性得以显著提升。绿色基础设施有助于实现环境目标和交通目标，应用绿色基础设施的特殊配置，能够稳静交通，改善街景。

雨洪路缘扩展带

雨洪路缘扩展带在空间和视觉上缩窄了道路的宽度,为行人提供更安全且距离更短的路口,并在低速街道和商业廊道处具有交通稳静化功能。路缘扩展带及附近区域可以容纳生物滞留设施、栽种树木,并设置街道家具。

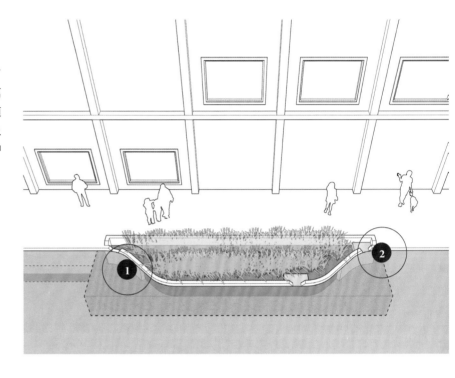

应用

雨洪路缘扩展带可以设置在交叉路口,以缩短行人过街距离,减少路缘半径,同时提醒司机转弯慢行。

生物滞留池根据排水模式可以集中设置在交叉路口的路缘扩展带附近。无论绿化带上是否有生物滞留设施,均可以设置在街角,在视觉上连接人行横道。

街道中段的路缘扩展带可用于拦截和渗透沟槽流,促使车辆减速。街道中段的生物滞留设施可以与路段人行横道相结合。

路缘扩展带的生物滞留池通常设计为有壁的设施,而沿人行道边缘设置的混合生物滞留池可以形成一个与人行道之间的平缓过渡。

益处

直接将排水沟的水流引入路缘扩展带是比较简单的,尤其是当路缘扩展带处于下游时。

在道路交叉路口处设置雨洪路缘扩展带,可以保障车辆和行人的安全。减小交叉路口的宽度和转弯半径,抬升路边坡道,重新设置障碍物(如信号杆和垃圾箱),这些措施可以在改善交通状况的同时,为绿色基础设施重新分配不可渗透的空间。

道路中段和交叉路口的路缘扩展带会缩紧交通,可以降低机动车的速度,增加人行横道宽度,提高道路的安全性和舒适度。

注意事项

根据现有雨水口的位置确定路缘扩展带的位置,特别是当雨水口位于角落顶点或靠近行人护栏匝道时。如果现有雨水口放置在交叉路口且不能移动,雨洪路缘扩展带可以设置在道路中段雨水径流的上游,以尽量多地拦截径流。

在坡度最小的街道上,路缘扩展带的最低点可能与排水沟不一致。这时应重新检查街道的纵向坡度和横向坡度到流入点之间的设施情况。

如果径流在大暴雨期间超过生物滞留池的容量,那么从路缘扩展带的溢流(或排水沟)可能会延伸到道路中,并降低道路的可见度,容易对街道用户造成安全隐患。

关键点

在生物滞留设施中种植高度较低的树木，并对交叉路口附近的路缘扩展带进行美化，以保证视线通透。确保植物生长的高度与人行道的高度差不超过61厘米。

建议

路缘扩展带的宽度因街道类型而异。尽管路缘扩展带的宽度可能会保证大型车辆进入，以及受限于其他现有条件，但通常情况下，应从最右侧行车道的外侧边缘凹陷0.3~0.6米。

1 路缘的收角通常与路缘线成30°或60°，以便清扫车沿着路缘的边缘清扫街道。过于陡峭的返回角通常需要人工清扫。

2 出入口的设计应避免车辆和自行车的误入。机动车在停车时很容易误入滞留设施。

入水口应包括预沉区，特别是沿着路缘线的进口，径流可能直接从排水沟流出。

因为不允许在路缘扩展带附近停车，所以路缘和生物滞留区域之间的边缘无须增加横向偏移距离。沿着路缘可以内藏46~61厘米的水平区域，以便维修人员从街道进入。

可选建议

公共廊道往往决定了路缘扩展带的安装位置。重新设置公共设施和街道生物滞留池，覆盖物衬板也可以集成到雨洪街道设计中，以防渗透的径流流入地下基础设施。

生物滞留池有助于创建安全的人行横道，新泽西州霍博肯

设计师必须仔细平衡项目的目标和用途。交叉路口的拐弯区域还可以用于种植植物，甚至作为生物滞留区域。拐角种植区增加了人行横道的横向偏移距离，可以引导种植区域的行人路径，并降低转弯车辆的能见度。

将路缘扩展带设置在禁止沿街停车的地方（如靠近消防栓），在不影响停车或路边通行的情况下实施GSI系统。应设置一个必要的入口，以便应急维修人员随时进入公共设施。

带有围墙的生物滞留池可以与座椅和路缘周边的住宅结合设置。

街道中段的雨洪路缘扩展带，宾夕法尼亚州费城

交叉路口的雨洪路缘扩展带，加利福尼亚州帕罗奥图

雨洪公交车停靠站

生物滞留设施被纳入半岛状的公交车停靠站，改善了行人的等待体验，但应确保物流装载的可达性，以及司机的视线可见性。

在公交车停靠站引入雨洪设施，有助于跨部门合作，也为项目实施提供了资金筹措的渠道，并促进了各部门之间的资源互补。

应用

生物滞留设施原则上可以设置在公交站台的任意一端，但通常情况下，往往被设置在距离交叉路口较远的一端，以免与人行横道产生冲突。

此外，生物滞留设施可以设置在公交站台和人行道之间。

益处

在公交站台的路缘扩展带上种植植物，可以提升乘客候车的舒适度。当公交车站设有绿化设施时，乘客会感觉候车的时间变短了。[1]

带路缘扩展带的公交换乘站具有更高的换乘效率，公交车直接停在车道上，而非先驶离车道进入换乘站，换乘后再汇入车道。路缘扩展带上的公交换乘站比港湾式换乘站更节省空间，通过缩短公交车的换乘距离，并为其他路边设施（包括但不限于绿色基础设施）释放空间，公交车站所需的线性路缘长度也缩短了。

将登车区从人行道中延伸出去，以减少行人和候车乘客之间的拥挤和冲突。绿色基础设施可以进一步勾勒出行人通行区和公交车站之间的步行空间。

注意事项

树木的树荫可以提升乘客的舒适度，但不得妨碍公交车或乘客进入站台。

公交站台的路缘可能比人行道要高，以实现水平登车或近水平登车，特别是在有轨电车和轻轨车站。抬升的站台需要设置通向人行道的无障碍坡道，以引导径流进入绿色雨洪设施。

公交站台的绿色基础设施必须与公交运营部门认真协调，以确保公交车和乘客能够轻松地进入站台。

登车区末端的生物滞留池，俄勒冈州波特兰

登车区后方的生物滞留池，与路缘上的集水井相连接，以收集街道和人行道上的雨水径流，纽约州纽约

公交车站旁的生物滞留池，俄勒冈州波特兰

关键点

1 从行人通行区到公交车站出入口、安全岛，以及任何公交设施（如售票机、地图和寻路设施），必须设置一条1.2米宽的畅通路径。

2 为了方便轮椅使用者上车，公交车站需配备一个1.5米宽、2.4米深的登车岛。[2]公共交通的运营方通常会使用3米长的登车岛，以便公交车辆灵活出入车站。

树枝和植物不能阻挡公交车进站或阻碍司机的视线。在靠近停靠站的一侧，应种植低矮的植被或树木，以免树枝与车辆发生冲突。

建议

建议在设计阶段与公共交通的运营方积极沟通，确保雨洪设施的设计和布局不会与公交车队或未来的运营相冲突。如果未来可以通过加强服务来提供通道，那么可同时为多种类型的车辆服务，灵活地设计公交车站。

在生物滞留设施和公交站台之间设置围栏。围栏除了可以保护植物，还能为候车的乘客提供休息空间。

较低的路缘或围栏可以界定出生物滞留池的轮廓，以供行人辨认。生物滞留池的深度大于20厘米时，应进行坚固的边缘设计，以防发生意外。

入口处的路缘与道路不平行时，应在入口设置遮盖物或盖板，以防车辆闯入生物滞留设施。

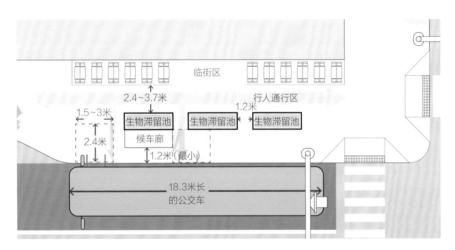

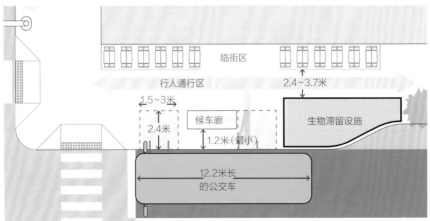

在绿植、安全岛和座椅周围应留出至少1.2米宽的区域，以确保道路畅通无阻；生物滞留设施应避开行人通行区，并确保树木和植物不接近公交车

浮岛式花池

行人安全岛上的植被空间、自行车道缓冲区、公交车站或其他从路缘旁偏移的建筑元素，可以改善街道景观，并为雨洪树提供空间。通过适当的设计，生物滞留池有时可以结合安全岛设计。

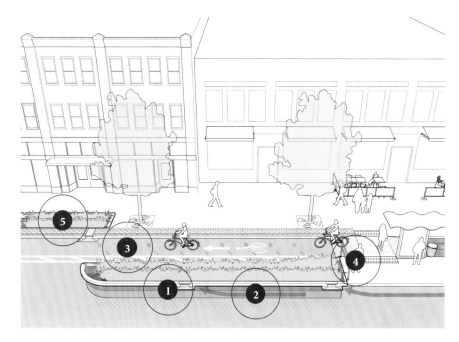

应用

为了合理利用空间，带围墙的生物滞留池通常最适宜用于"浮岛式"的街道设计元素。

益处

在行人安全岛、公交车站和自行车道缓冲区提供绿色植被空间，可以提高公交基础设施的质量，赋予交通强大的机动性效益；同时有利于缩短行人过街距离，保护自行车骑行者，并结合绿化设计，美化街道景观。

注意事项

限制机动车的速度，并确保设施的可见性，有效降低了机动车驾驶员进入生物滞留设施的风险。

关键点

1 径流导入浮岛式花池，形成雨水片流，或者通过沟渠（排水沟、排水槽）以及线性路缘石，有效收集雨水。

2 溢出的径流必须沿着路缘进行管理，以防汇入人行道。

罗斯米德大道，加利福尼亚州坦普尔城

建议

使用凸起的路缘石来防止车辆进入花池是十分必要的，但消减入口或洼地的限制可能削弱花池收集雨水的能力。

3 在浮岛式花池和路缘之间至少应保持1.5～2.4米宽的距离，以便在各要素之间进行清扫和维护工作。2.4米宽以下的车道应配备专业的清扫设备。

建议种植低矮的植物，以确保视线的通透性和可见性，特别是在行人进出环岛的地方。

4 在公交车站，倚靠栏杆为换乘的乘客提供了候车空间，也可以防止人们误入生物滞留设施。

5 如果在行车道和自行车道或人行道之间存在一个缓冲区域，则可以安装生物滞留设施，以减少路边积水。浮岛式花池和路边的生物滞留设施可以协同工作。浮岛式花池上的多余径流都直接被引至下游的路边设施，以减轻两个设施的负荷。

如果花池的宽度可供植物根系生长，那么可以在公交站台和行人安全岛之间栽种植物，但应确保树木不会阻碍公交线路或降低司机的可见度。

雨洪中央隔离带

可分隔交通方向的宽大隔离带宜用于雨水收集和渗透。在宽阔的街道和公园道路上，GSI可以与绿色道路相结合，用于自行车骑行和步行。此外，还可以在雨洪设施旁营造具有吸引力的公共空间。

加利福尼亚州帕索罗布尔斯，第二十一大街

应用

如果道路中心隔离带足够宽，植草沟、生物滞留池等均可以集中设置在隔离带内。

不间断的线性街道空间可以有效管理从相邻路面汇聚来的大容量径流，或从多个街区收集的径流。

益处

在道路先行权中，中间的生物滞留设施可以利用潜在的未使用空间，承载新的功能。结合绿地景观和雨洪基础设施，将这些空间重新定位为多功能街道空间。

由于入口更易受到限制，因此中央隔离带的生物滞留设施具有较高的容量（这取决于路权空间）。

注意事项

雨洪中央隔离带往往朝向道路横向坡度的最高点，这样街道径流通常不会流到中间。因此位于中间的生物滞留设施可能需要反转街道的横向坡度，以便收集相邻街道的径流。

如果街道的横断面不能被修改，可以截断从上游运输系统（来自于其他街道）中收集的雨水，并让雨水在白天就汇入中央隔离带的生物滞留设施。

排水总管线和其他地下公共设施往往位于道路中间，并且可能需要被迁移。

应考虑街道清扫和冬季的积雪存储等问题。未清除的积雪可能被储存在中间的生物滞留设施，这可能会影响植物的健康生长和设施的耐久性。如果施用过量的融冰药品、盐或沙子，也可能影响植物的健康生长。

关键点

在交叉路口附近，在生物滞留设施中使用低矮的植物，对中央隔离带进行美化。为了保证行人过街的视线不受干扰，植物的生长高度不应高于人行道表面（行人聚集或穿越交叉路口的地方）61厘米以上。

建议

为中间的生物滞留设施设置道路坡度，包括反向路拱的街道（所有径流都流向中心）或"抛物线"形状的街道，其中，路基边坡向一个方向倾斜，中央隔离带可拦截一半的径流。

在设计阶段检查维护操作。确定行车道是否需要关闭，以便维修人员在干净的流入点内工作，或确定安全岛是否可以被设计为中间检修通道。

建议预留一个46～61厘米宽的水平区域，以便维修人员进出。

在中央隔离带栽种树木，以管理径流。确保树干和根部结构淹没在水中的时间不超过物种的承受范围。树木可以种植在护堤上，以限制周围的积水。宜选择不影响能见度或街道照明的树种。

可选建议

生物滞留设施周围的步行通道可以打造为极具吸引力的公共空间。这个公共空间与绿色景观紧密联系，尤其是在宽阔的林荫大道和公园大道上，中央隔离带营造了街道环境。此外，绿色基础设施可以提醒司机减速慢行。

伊利诺伊州芝加哥，阿盖尔街

生物滞留设施设计的注意事项

生物滞留设施可以管理大面积不透水表面的雨水径流，在选址和设计生物滞留设施时，应满足本地环境以及雨水管网内每个项目的性能需求。在项目实施期间，始终考虑维护需求，并将交通目标、机动性目标与生态目标相结合。

生物滞留池的尺寸

生物滞留池的长度、宽度、高度决定了其临时储水能力，之后雨水逐渐渗入土壤，或排放至暗渠管道并排入下游系统。生物滞留池的尺寸取决于设施的雨洪管理目标和合适的可用空间。

生物滞留池的覆盖范围取决于生物滞留设施的横断面类型，以及滞留池的长度、宽度、纵向底部斜坡和种植面积。有垂直墙面的设施，其覆盖范围等于滞留池的底部面积加上垂直墙面的宽度。有分级斜坡的设施，其覆盖范围应包括该滞留池的底部面积以及处于最大积水深度时，该区域在侧面的占地面积。

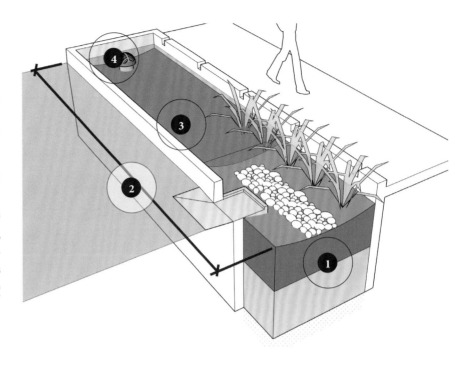

生物滞留池的尺寸和选址

生物滞留池的尺寸和建模应考虑以下因素：系统预计通过土壤层向下过滤的径流量（渗入或收集在排水系统中），以及可用于雨洪基础设施的街道横断面空间。此外，生物滞留池的尺寸也受街道环境的影响，包括不透水路面的面积、相邻土地的用途和结构、人流量和周围地形等。

储水设施的规模应考虑区域条件，比如气候类型，以及当地的地下土壤条件和属性。生物滞留池的设计主要是为了满足在一年中典型暴风雨的排水目标。在频率较低但强度较大的降雨中，如"二十五年一遇"的强降雨，生物滞留池设计可能会使大量径流绕过生态滞留设施。如果一个地区受稳定但缓慢的降雨影响，并且该地土壤具有快速渗透的属性，较小的生态滞留池就可以进行水质处理并收集大部分雨水径流。在可能发生特大暴风雨的地方，可能仍需要大型生物滞留池或向大型雨水滞留设施导流，以减少流入中水系统的高峰流量。

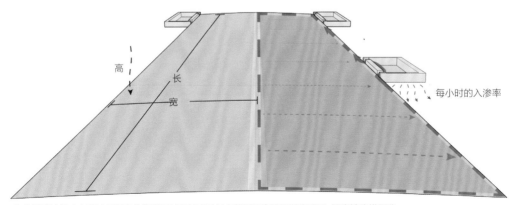

生物滞留池的大小取决于指定的街道区域和特定时间内截留和渗透预期降雨量，通常被路拱平分

集水区和现有的排水系统会影响生物滞留池的设计。在合流制排水系统的地区，生物滞留池的主要目的通常是收集和渗透尽可能多的流量，以减少溢流。较大的生物滞留池通常会占用更多面积。在风暴系统有能力将雨水输送至河流或湖泊等开放水体的地区，生物滞留池旨在收集和处理雨水径流，以保护该地区的水质，但对于频繁的小型暴雨，则无须将所有暴雨渗透入地下土壤。

在面积相同的情况下，具有垂直墙面的生物滞留池比同坡度斜坡滞留池提供更多的临时储水容量。然而，具体使用垂直墙面还是梯级边坡，还应考虑其他影响因素。

如果街道横断面的空间不足，并且路边人行道的优先级相对较低，长而窄的生物滞留池可以实现更强的雨洪管理能力。相反，如果路边人行道十分重要，短而频繁的生物滞留池在保留步行通道的前提下，可以更有效地管理雨水。

为了简化生物滞留池的尺寸和建模流程，城市和地区可以开发基于简化雨水模型的本地尺寸图。这些简化的图表指定了基于本地土壤的设计入渗率、用于排放有效不透水表面积所需的底部面积百分比，这是一种适用于特定参考区域的工具，且非常实用。

主要标准

对于垂直和分级生物滞留设施，有效渗透径流的能力取决于三个标准：

◇浸润面积。

◇渗入的深度。

◇基础和工程土壤的入渗率。

生物滞留池的浸润区域

浸润面积是设施达到最大积水深度时的表面积。较大的浸润面积可以最大限度地增加该设施的渗透面积。浸润面积随着底部面积的增加而增加，可使滞留池的储存容量最大化。

工程土壤可以提高该设施的生物滞留能力，提供额外的储存空间。

1 设置底部宽度时，1.2米宽是具有垂直墙面滞留池的优选尺寸；较窄的滞留池也是可行的，但增加了维护植物的难度，并且在建造和维护成本以及性能方面往往具有较低的效益。植草沟的最小底宽建议为0.3米。

2 生物滞留池的长度或沿路缘石滞留设施的长度范围可以从3米到整个街区不等。除雨水蓄积和渗透能力外，滞留池的长度受到生物滞留土壤媒介和土壤本身的纵向坡度，以及入渗率的影响。

除了有效管理雨水径流外，单个滞留池的长度由不同出行方式道路的预留通道决定。在允许停车的地方，每隔12米或每两个停车位的长度应提供通往人行道的连接通道。交叉路口的滞留池可以在人行道上或倾斜到街道上，但必须高于滞留池的积水深度。

俄勒冈州波特兰，塔科马大道东南

单个生物滞留池的完整底部长度和宽度应用于临时雨水储存。在可能的情况下，滞留池设计应最大限度地使用临时存储容量。

生物滞留池的水平底部区域应确保日常清洁和植物护理相对容易。

在有斜坡的街道上，安装高架护堤或拦河堤坝，以便径流汇集，并向下渗入整个池底区域，而不仅仅流向池底。

③ 临时沉积深度是在雨水通过生物滞留设施向下过滤之前可以临时储存的雨水峰值。生态滞留设施的临时沉积深度为5~30厘米。在人流量中等或高度活跃的地区（如繁忙的商业街或社区），将沉积深度限制在15厘米以内，或在生物滞留设施周围安装较短的围栏，深度达到15厘米以上。

从健康和安全的角度来看，应进行矢量控制，以缩短时间，加强维护。通常情况下，应在降雨后72小时内将设施内的雨水排出（没有表面积水），以防虫媒疾病（如蚊虫滋生）[1]。12小时或24小时的下水周期通常更可取，特别是定期降水（为了适应下一次暴风雨）、人流量较高或存在其他影响因素的情况下。如果本地土壤能够快速渗透，那么强降雨就不会造成严重的危害。

④ 干舷深度是指从最大积水深度到设施顶部的溢流高程。水溢出设施并流入雨洪收集设施，或通过入口或路缘石切口返回街道排水沟系统时，在暴雨期间提供缓冲。

干舷深度主要受街道等级的影响，根据场地情况、溢流发生的可能性、下游运输能力、设施管理的水量（径流量从一个区域到多个区域），以及其他工程或设计因素，干舷深度通常为5~15厘米。应在频繁溢出或潜在影响较大的地方设置较深的干舷（通常有较高的墙壁）。

流入、流出和溢出

如果雨水不通过生物滞留设施渗入本地土壤或地下排水管，水流入和流出生物滞留设施有三种基本模式：

◇线上、穿流。

◇组合流入、溢出。

◇抬升的溢流排水装置。

流入、流出和溢出路径的设计取决于雨水径流量设施意图、渗透方式、操作和维护要求、场地环境、行人和自行车骑行者的安全考虑以及生物滞留设施横断面的类型。

凹陷路缘进出口，纽约州纽约

讨论

在大多数有路缘的街道上，路缘应沿着生物滞留设施边缘连续设置。通过以下四种方式将雨水引入池中：

◇在排水沟中设置凹陷和中断引导排水沟的路缘，引导水流流过分级通道到达设施底部。

◇入口。

◇带有管道或让日光摄入的矩形管的雨水口。

◇排水沟中的凹陷与沟槽连接，然后排入生物滞留设施。

沿着有路缘的街道滞留设施应设置一个或多个流入点，这取决于滞留设施的长度，以便最大限度地增加进入滞留设施的流量，并使用该设施的全部容量。流入水量应允许滞留池充满其完整的设计深度。

流出点将引导水回流入街道的沟槽，或沿着走廊流入另一个滞留池。根据街道、入口和滞留设施的高度，流入点也可以作为该设施的流出点。雨洪结构通常是一个升高的排水管，可以放置在池中，以便在池达到容量峰值时引导溢流下游，或通过管道连接至中水排水系统，以获得溢流量。

溢流高程是最大的积水高程；径流必须通过出水口、溢流排水管或绕行，而不能进入生物滞留区域，以防街道或人行道泛滥。

关键点

进入和离开滞留设施的开口和流动路径必须设有障碍物。将入口标高降至街道标高以下5厘米，并在入口之后设置一个3～8厘米的落差，以允许碎屑和沉积物在此沉淀，而不会堵塞径流。

在流入和流出点附近建造其他街道基础设施，如径流路径旁边的街道标志、水表箱、阀门箱和灌溉头等。

将树木和灌木设置在距入口边缘至少1.5米的地方，以便维护，并且不会阻塞流路。

检查现有的道路和人行道表面坡度，并重新调整或修复不平坦的表面，以

确保溢流雨水从生物滞留设施流入街道或排水沟，而非流向相邻的房屋或人行道。

评估街道等级，以确保路面的不平整情况不会阻碍雨水径流流入或流出

生物滞留设施。雨水片流容易经由路面上的裂缝或接缝转移。在改造项目的过程中，可能需要重建一些街道路面，以改善从路拱到排水沟、通过路缘进入生物滞留池的径流量。

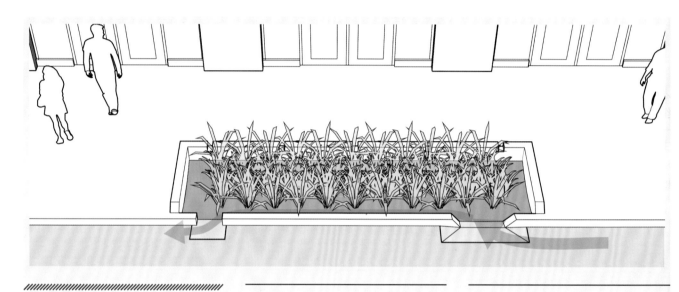

线上、穿流

雨水径流可以设计成穿过多个生物滞留设施的路径，特别是在坡度变化均匀的斜坡上。雨水在滞留池的前端（上游）流动，溢出的水流从后端流出（下游末端）或绕过设施。

穿流设计适用于布置了一系列生物滞留设施的街道。

雨水流过多个滞留设施，第一个滞留池应设置预沉区，以进行针对性的维护，然后将水分配给其他设施。

在平坦的街道上，为了避免雨水在街道上倒流，出口高度必须低于流入高度5厘米，否则应在设施内抬高溢流排水管。

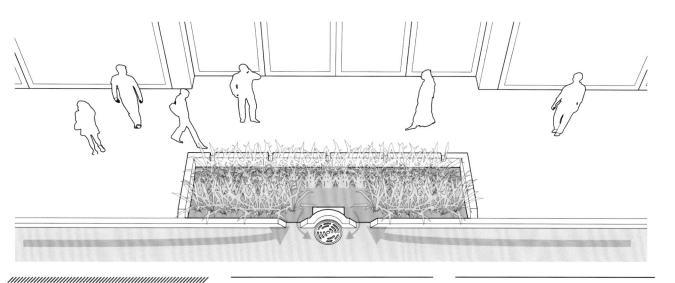

组合流入、流出

生物滞留设施的设计可以使溢流雨水从相同入口流出，特别是沿着相对平坦的坡度。

可以将滞留池设置在现有的雨水排放口上。在排水格栅的每一侧设置一个入口，以引导溢流进入中水排水系统，其中雨水口位于街道低点处，并且首先引导特定体量的水进入生物滞留设施。

组合式进水口适用于每个生物滞留设施分别渗入的路段，而非作为沿着廊道流动的线性或网络的一部分。

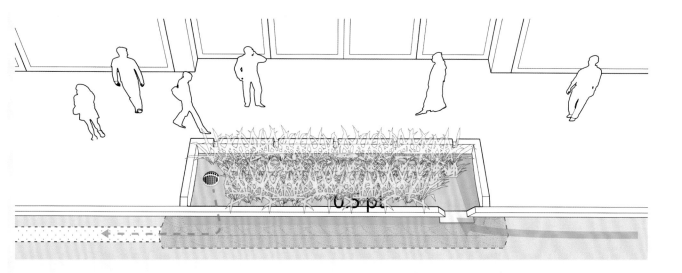

抬升的溢流排水装置

抬升的溢流排水装置，例如，集水池上的"蜂箱"格栅、排水沟或雨洪结构，可以作为溢流雨水的出口。这些排水管的设计与滞留池的最大积水深度一致。抬升的溢流排水装置应设置在积水表面的最高处。

溢流被引入抬升的排水管，并通过管道向下输送至雨水室或中水系统。

在具有垂直墙面的生物滞留设施中使用抬升的溢流排水管时，应在外壁之间设置足够的间隙和抬升的水道，以提供适合的维修通道。

溢流结构所占据的空间不计入该设施的渗透区域。

入口设计

入口将雨水径流从周围的街道集水区输送到生物滞留设施。入口细节设计包括宽度、坡度和位置，为雨水进出雨洪滞留池提供指引。

讨论

入口的宽度和数量决定了雨水的流入和流出能力。入口应该足够宽，以容纳预期的雨水量，但其最小尺寸通常与用于清洁路缘石的维护设备类型有关（如铲子的最小宽度）。入口宽度通常为20～30厘米，但宽度超过61厘米的情况也并不少见。

如果多个滞留设施或多个入口存在于一个滞留池中，某些水流可以绕过第一个入口，然后流入下一个入口。

通常，入口的建造涉及对排水沟或人行道上的现有雨水径流路径进行微小的改造，包括从路缘到滞留池的斜面，以便将雨水输送到滞留池中，以及加固流入点处滞留池内的表面（如鹅卵石或混凝土板），从而最大限度地减少雨水进入滞留池时对滞留池的侵蚀。

仔细评估入口的坡度，以确保雨水能够顺利进入生物滞留池。坡度的微小差异可能意味着低速径流绕过入口。

入口连接，华盛顿州西雅图

凹陷的路缘入口，华盛顿州西雅图

垂直切口可以沿设施的人行道边缘安装。维护通道至少为1.2米宽，以方便维护人员进入，同时最大限度地降低人们在开口处卡脚的风险。

沟槽式入口，华盛顿哥伦比亚特区

设计入口时应尽量避免车辆进入。即使狭窄的路缘也可能被（车辆）入侵，特别是在垂直于停车道的情况下。金属或混凝土盖可以降低入侵风险。

路缘扩展带入口，华盛顿州西雅图

设计入口时，还应注意防止堵塞。入口处的垃圾、碎屑或沉积物的积聚会阻碍径流进入生物滞留设施，导致大量水流绕过滞留池，使其防洪和收集径流的能力大打折扣。避免冰雪堵住入口。在系列生物滞留设施的第一个单元入口处或单个生物滞留设施主要入口处设置一个预沉区域，用来收集碎屑和沉积物，这样清洁工人只需着重清理该区域。

路缘坡入口，加利福尼亚州文图拉

有盖的人行道入口，华盛顿州西雅图

斜沟槽，伊利诺伊州芝加哥

裙口、凹槽

裙口，俄勒冈州波特兰

缘及任何路面接缝均保持足够的距离。

如果沿着街道的路缘是直线，路缘开口可以选择性地设置穿过入口顶部的横杆。对于进入植草沟的裙口，路缘石可能会倾斜进入植草沟中，以改善排水沟流入设施中的种植带。

凹陷的混凝土裙板可以通过磨削现有的混凝土路面来浇铸或改装。

裙口或凹槽可以提高流入效率。裙口通常低于生物滞留池5厘米，同时低于路缘5厘米，保证雨水在垃圾汇集时仍能流入滞留设施。

具有陡峭斜坡的排水沟存在安全隐患，特别是对自行车骑行者而言。沿着混凝土裙口的路缘距离受保护的自行车道应至少1.8米宽，以便自行车骑车者与路

排水渠

排水渠，俄勒冈州波特兰

在排水渠内，径流在流入滞留池之前落入格栅覆盖的排水沟。排水沟盖必须选择与骑行和步行兼容的类型，网格盖是首选。

在斜坡型街道上，如果径流导入生物滞留设施较为困难，可设置排水渠。

路缘上还设有一个开放的雨水入口，当沉淀物沉积在格栅上时，这个开放的入口仍可以保证径流进入滞留池。

入口集水槽

入口集水槽，马萨诸塞州剑桥

如果径流中含有大量的碎片，在雨水进入之前，入口集水槽会提前分离径流中的沉淀物。

径流排入收集碎屑的集水槽。沉淀后，通过管道排水进入洼地，或通过集水槽墙壁上的开口进入渗透区。

入口集水槽通过穿孔的排水管将流体输送到地下，该排水管将流体分配到生物滞留池或连接的树状沟槽中。

不要在影响行人活动的地方设置集水槽，例如，在路缘折返处或紧邻路边坡道处。

沟渠排水沟

沟渠排水沟，俄勒冈州波特兰

沟渠排水沟是一条覆盖雨水的长条形收集沟，可以将雨水引入绿色雨洪系统或中水系统中。沟渠排水管通常用于现有排水沟或雨水道上，可有效确保地面的通达性。

沟渠可浅可深，其上覆盖金属格栅。较深的排水沟更容易聚集沉积物，需要更为频繁的维护。

沟渠排水沟可以收集径流，并将其引导至生物滞留设施中的单个入口。排水沟可垂直或平行于道路的流向配置。

沟渠排水沟可以设计为可检测的边缘或可检测边缘的一部分，用于划分平坦或无路缘的街道边界，尤其是共享街道。如果沟渠排水沟处于人行道区域或残障人士活动路径内，应查看残障人士街道设计的相关要求。

预沉淀区

预沉淀区是在生物滞留设施上游收集碎屑、污染物和沉积物的鹅卵石或混凝土设施。它可以防止污染物对生物滞留设施的侵蚀，并为维修人员提供清理残骸和沉淀物的指定地点。

飞溅垫或水流消散器可以收集流入生物滞留设施中的碎屑，马萨诸塞州剑桥

讨论

预沉淀区用于收集来自周围流域的碎片和沉积物，在重点污染排放区或上游沉淀物的来源点设置预沉淀区，如裸露的土壤、汽车服务和修理用途或轮胎碎屑等。预沉淀区可以为维护人员指定清除沉积物的地点。

预沉淀区应在生物滞留设施的第一个（上游）内指定。如果区块中存在多个滞留池，预沉淀区通常位于第一个上游滞留池的入口处，以便在流体至区块下方的单元之前收集更多的径流。另外，也可以使用预置结构，例如，带集水槽的集水坑，集水槽的出口管与生物滞留设施相连。

预沉淀区的设计应根据支流区域的特征而变化，例如，沉积物负荷量、街道维护量、交通流量等。相较于交通量较高的街道，高流量的街道易受侵蚀，并且会产生更多的泥沙。

如果预沉淀区包含较宽的路缘，应调查人们将自行车停放在路边的可能性。有些城市在路缘石的顶部使用了连续的金属盖，以防路缘石受到车辆入侵。采用这种方法时，应考虑维护设备需要清除狭窄开口处的碎片。

如果车辆停放或装卸位置靠近生物滞留设施，则应提供外延区。如果它是关键流入点，应禁止路边停车，以防汽车停放在堵塞路缘的位置。

在设置预沉淀区时，应考虑城市的运营情况和维护设备，以及预设区域所占的不透水区域面积。例如，有卡车通行的城市可能更倾向于使用混凝土垫，而不是石头或鹅卵石垫作为预沉区。与混凝土垫相比，这有助于减小滞留设施所占的不透水区域的面积。一些城市可能会使用软管上的滤网来收集更细小的沉积物，另一些城市则倾向于使用带有集水槽的集水坑。在空间充足且深度合适的前提下，建议铺设从集水槽进入生物滞留设施的管道。

在预沉淀区中栽种植物，有助于增强抵御洪水、土壤堆积或侵蚀的能力。与鹅卵石或混凝土垫相比，植物可提供柔软的边缘。

没有直接的方法来确定预沉淀区的大
小。与交通流量较低的街道相比，具有
较高流量的街道更容易受侵蚀，并会产
生更多泥沙。设计师应根据维护人员的
建议做出正确判断，因此预设区的设置
应综合考虑社区特征、街道规模和维护
方法相关。

建议

在流量集中排放处提供一个按比例缩小
的预沉淀区。通常，如果第一个生物滞
留设施计划接收至少一半街道长度的排
水沟流量，预设区应位于第一个滞留设
施的上游端。

在交通量较大的街道上，尤其是卡车或
公交车的入口处，应设置预沉淀区。

如果鹅卵石是理想的材料，可以使用
砂浆处理，以减少维护和更换鹅卵石
的需求。

建议在暴风雨来临之前，对主要设施进
行维护，并将秋季的落叶收集起来。

预沉淀区，俄勒冈州波特兰

混凝土预沉淀区，密苏里州堪萨斯城

石头预沉淀区可以收集碎屑，华盛顿州西雅图

石前池和台阶带，纽约州纽约

带溢流结构的预沉淀区，得克萨斯州奥斯丁

入口槽和前池，伊利诺伊州奥罗拉

边坡防塌拦石，俄勒冈州波特兰

土壤介质和植物

选择合适的土壤介质和植物种类对生物滞留设施的成功起到至关重要的作用。土壤特性应能支持排水，有利于去除污染物，并促进植物健康生长。在植物的选择上，应保证多种多样的本地植物。

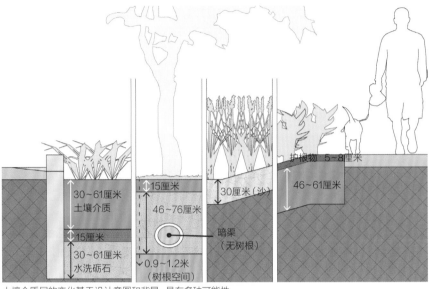

护根物 5~8厘米

30~61厘米 土壤介质

15厘米

30~61厘米 水洗砾石

15厘米

46~76厘米

暗渠（无树根）

0.9~1.2米（树根空间）

30厘米（沙）

46~61厘米

土壤介质层的变化基于设计意图和背景，具有多种可能性

土壤介质

生物滞留设施中使用的土壤介质类型根据地区特定条件、水质处理要求、流量衰减和相关法规而定。

土壤必须具有以下特征：

◇具有适当的排水渗透性。

◇吸收目标污染物并收集悬浮固体。

◇包含适当的材料，避免营养物质的流失或污染物的扩散。

◇保护植被生长。

生物滞留设施中的土壤介质的特性会影响入渗率。慢速介质的入渗率小于2.5厘米/小时，而速度更快的介质可达到25厘米/小时或更多。[2]

一般来说，生物滞留设施使用的土壤介质是非结构性的。工程师和设计人员应考虑道路、人行道和结构造成的积极和消极影响。

针对不同的污染物，生物滞留土壤介质的所有层可以是某种类型的混合物或两三种多层土壤。在污染负荷较高的地区可能会使用多种土壤介质层。

植物和树木

在生物滞留设施横截面中使用的植物应具备蓄洪功能，并且可以改善街道景观。树木等植物根部结构有助于吸收雨水、养分和污染物，以稳固土壤，并长期维持生物滞留土壤介质的渗透速度。

适合生物滞留设施的植物种类各异。选择植物时，应考虑当地气候条件以及物种在不同湿润和干燥条件下的生长情况。选择适合特定地点的不同物种。优先选用原生植物，并考虑植物在冬季气候条件下的耐盐性以及暴雨频发地区的耐洪水性。

生物滞留土壤介质的种类会影响植物的生长。有机物含量较高的土壤，植物的

选择范围更广。排水快的土壤介质（在生物滞留设施中有暗渠或本地土壤入渗率高）可能会限制原生植物的种类。

GSI中的植物可以为蜜蜂和其他授粉者提供栖息地。选择不同的树种，以确保保生态健康，并减少疾病感染。

在项目初始阶段，应考虑树木布局。树木应位于相邻区域或生物滞留设施中，以提供足够的生长土壤。在生物滞留设施的选址过程中，检查沿街的树木布局与其他基础设施是否协调一致。

树木可以种植在滞留池底部或生物滞留设施的侧坡上。考虑树木生长时的分支形式，以确保人行道和路边有足够的净空。

在植草沟的边坡上种植树木时，为了留出树坑和浇水的空间，植草沟的底部宽度可以缩小。植树的侧坡可以为1:2，以过渡到植草沟两侧。

狭窄的生物滞留池或其他设施可能会无法种植中型和大型树木，小树的树荫不足以覆盖人行道。如果生物滞留设施的类型或地点限制了树木的生长，可以考虑扩大生物滞留单元之间的间隔距离，为雨洪树提供空间。协调生物滞留设施的类型和位置，以优化雨水管理并促进植被健康生长。

选择土壤介质和植物种类时，应考虑运营和维护需求以及可用资源。选择低维护型植物，以便最大限度地减少割草、修剪、除草和灌溉需求。避免使用肥料或杀虫剂。

关键点

在具有梯度边的植草沟中，应根据每种植物在渗透中起到的作用，以等高线方式种植。植物在暴风雨期间必须经受洪涝的考验，而沿坡度种植的植物必须有效地稳定土壤、控制侵蚀。

选择植被时，应查看植物种类的成熟高度。在交叉路口、人行横道和行车道附近的生物滞留设施，成熟的植物高度不应超过61厘米，以保证可视性。如果植物种植在滞留池底部，植物成熟的高度可以略高于该高度，但仍需确保交叉路口附近的树木成熟高度不超过61厘米。

建议

生物滞留池介质的深度取决于所处区域。30厘米深的生物滞留池介质适用于管理来自非污染生成表面（如人行道）的径流，同时支持植物生长。管理来自污染生成表面（如街道、行车道或货物装卸区）的径流时。根据生物滞留设施的土壤介质和污染物负荷目标的不同，介质的深度为46~61厘米。

在生物滞留设施横断面内使用暗渠，有助于雨水的水质处理。可以在顶层使用生物滞留土壤介质，在排水管周围设置砾石沙层，为管道提供垫层，并在过滤后的水流入暗渠之前提供额外的处理层。

可以在生物滞留土壤介质上放置5~8厘米的覆盖层，以保护植物，控制杂草，减少浇水需求，并在渗透土壤之前收集更多污染物。

覆盖的材料可能有所不同。在有低容量路边停车位的社区街道，碎木料可以很好地铺设在路缘和上坡的踏步区或斜坡上。在一年中较干燥的月份铺设覆盖物，使其在潮湿季节到来之前充分融入。堆肥覆盖物或岩石覆盖物可用于底部区域，或经常发生积水的地区侧面。如果植物生长良好，则底部覆盖物可能仅在安装时铺设，如果底部植物修剪到地面上，应重新覆盖。

节水型花园

高草

花卉与传粉植物

景天属植物

5 合作与绩效

华盛顿州西雅图

政策、项目和合作

绿色基础设施可以显著提升街道品质，增加街道的美学价值，并减轻当地洪涝灾害。全市范围内的绿色基础设施计划在诸多方面大有裨益，包括调节气候、改善水质，以及不用只依赖中水系统来进行合规的监管。

为了实现城市的可持续发展，应采用全面统筹的方法来进行可持续性的雨洪管理，并以强有力的政策作为后盾；同时，加强与合作伙伴之间的合作，运用多种指标进行评估。

政策

制定强有力的政策，支持绿色基础设施在路权中的实施，从而在规划和项目规模上取得成功。GSI 应纳入城市政策和规划中，并在一定范围内加强公共财产和私有财产的雨洪管理。

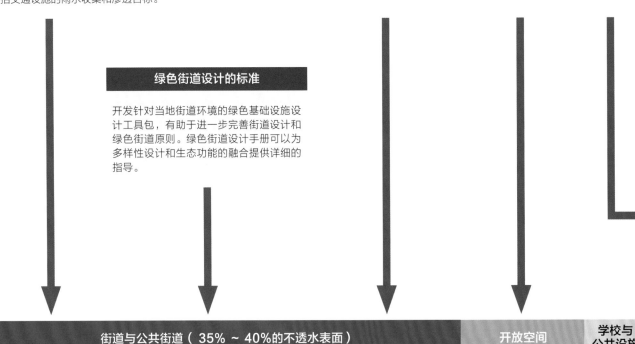

完整街道政策

许多城市已制定了完整街道政策来强化GSI实践，这些政策尤其注重绿色实践。项目开发过程中纳入了绿色基础设施，并将其作为完整街道政策的一部分。

绿色街道政策

有些城市制定了具体的绿色街道政策，包括交通设施的雨水收集和渗透目标。

当地标准和指导

标准图纸、雨洪设计手册和设计指南的编制和采用是GSI在路权中实施的关键步骤。

当地的设计指南为绿色街道项目的实践提供了建议。将雨洪管理纳入项目开发和评估中，包括在完整街道的设计指南，或检查清单中设定实施绿色基础设施的目标和责任。

雨洪设计手册在遵守监管和政策要求中起到了关键作用。设计手册可以将当地常识和最佳实践编入其中，包括尺寸、建模标准、优选植被和土壤介质以及维护策略等。

标准的GSI图纸作为城市标准图集的一部分，可以确保规划、设计和施工在机构目标、项目目标和施工标准方面保持一致性。

绿色街道设计的标准

开发针对当地街道环境的绿色基础设施设计工具包，有助于进一步完善街道设计和绿色街道原则。绿色街道设计手册可以为多样性设计和生态功能的融合提供详细的指导。

街道与公共街道（ 35% ~ 40%的不透水表面 ）　　开放空间　　学校与公共设施

不透水表面的使用比例因城市而异。在美国，无论何种土地所有权，全市范围内的不透水面积都是共有的

雨洪守则

大多数城市编制了规范雨洪径流守则以及相关法规和条例。相关政策鼓励减少在私有财产和公共路权上的雨水径流。

开发费用

对积极采用可持续性绿色建筑和场地设计的开发商给予奖励，这些激励措施有助于提供优质场地，为社区带来好处，并增加绿色基础设施和场所营造设施。此外，开发商还可以享受税收减免、快速审批等优惠政策。

雨洪收费折扣

向业主提供雨洪收费折扣，以减少不透水表面的面积，从而减少雨水径流。征收雨洪公共设施费的城市和辖区可能会出台优惠政策，以鼓励现场雨水管理。

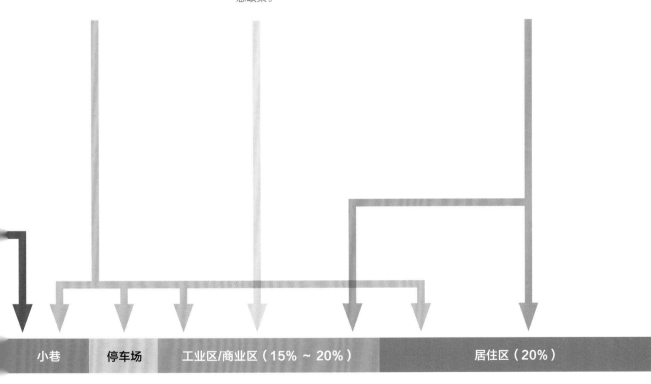

小巷　　停车场　　工业区/商业区（15% ~ 20%）　　居住区（20%）

案例研究: 绿色基础设施项目

位置: 纽约州纽约

功能: 城市密集区

项目区域: 纽约市

合流制排水系统不透水面积: 318.7平方千米

参与机构: 纽约市交通部、纽约市环保部、纽约市设计与施工部、纽约市公园与娱乐部门

时间轴: 2010年发布绿色基础设施计划,2012年完成示范项目

成本: 15亿美元

路边植草沟

目标

雨洪管理: 通过绿色基础设施,用10%的不渗透表面管理2厘米雨水径流。

符合成本效益的法规: 使用绿色基础设施,减少管道污水溢流,节省数十亿美元的中水设施投资需求。

水质: 改善纽约港口和流域的水质。

概述

根据纽约市环保部在2005年下达的关于减少管道污水溢流的指令,纽约市环保部被要求改善城市内外的水质。2012年,该指令增加了一个绿色基础设施项目,预计在传统中水设施(下水道、蓄水池、新建或扩建污水处理厂)方面上节省数十亿美元。

在纽约市所有合流制溢流排水区域中,街道用地占28%,多于其他类型的土地。这个地区绝大部分都是由不透水的沥青混凝土制成,所有雨水都汇入城市的排水系统中。公共用地是绿色基础设施最普遍的场地类型,也是纽约市环保部解决的第一个区域。纽约市环保部正在制定程序,旨在在公共和私有土地上广泛地推行实施绿色基础设施。

纽约市制定了植草沟标准。植草沟建在现有雨水收集池上游,用来收集来自街道和路边的雨水径流。当绿色基础设施完全饱和时,植草沟可以让极端降雨中的径流排入下水道。

该项目由绿色街道发展而来,几十年前由纽约市公园与娱乐部门发起,旨在改善空气质量,并通过在未利用的街道上种植植物来美化社区环境。纽约市环保部建造的绿色基础设施以收集雨水为目标,尤其是在传统植草沟不实用或效率低下的地区。

示范项目的临时标志

成功的关键

标准化的设计。一个跨部门的工作组在一些街道上测试植草沟，以确定特定场地设计的复制型设计标准，而无须进行高强度的现场设计工作。最终植草沟长度为3~6米，宽度为0.9~1.8米，使每个项目收集的雨水最大化。

明确的选址标准。训练有素的工作人员使用纽约市交通部门联合制定的一套标准，来监测绿色基础设施的建造场地。由于严格的标准和城市环境的限制，许多合适的场地很早被选定，而后因为不满足标准而被放弃（如太靠近交叉路口或地面排水状况比较差）。

将绿色基础设施投资与其他投资项目相结合。对每个街道项目进行审核，以确定绿色基础设施能否纳入其中。例如，纽约市正在建造众多精选公交车服务路线，这需要一定的资金。由于这条街道已经在重建，纽约市环保部承诺在沿线的换乘站安装并养护植草沟，跟踪绿色基础设施的安装情况，并为乘客提供更舒适的体验。

将绿色基础设施带来的好处落到实处。植草沟和绿色街道使得道路更美观，吸引了传粉昆虫，改善了空气质量并控制了碳污染。

选址的同时加强社区服务。同一个团队在街道上进行植草沟选址，检查是否符合要求，并将宣传读物分发给社区居民，从而提高了工作效率。

经验教训

考虑所有利益相关者。尽早确定所有利益相关者，包括那些看着并不起眼但可能受到新建基础设施影响的人。例如，未来的房地产开发商和涉及重新铺设道路的城市部门。

充分考虑设施的维护问题。便于维护的绿色基础设施，往往具有更长的使用寿命。选择养护成本较低的植物，制订垃圾收集计划，明确告知利益相关者，保证植草沟内无废弃物堆积，并处于高度运行状态。

清楚地告知相关费用。与中水设施替代项目相比，纽约市投资24亿美元的绿色基础设施，预计可节省14亿美元，另外，还有20亿美元的递延成本。

成果

截至2015年，该项目收集了0.6%的不渗透地表径流，已实现了2030年目标的6%。

截至2015年，已建成3830个绿色基础设施项目。

植草沟

路边的植草沟

案例研究:"绿色城市、清洁水域"街道项目

位置: 宾夕法尼亚州费城

功能: 城市密集区

项目区域: 合流制排水溢流区域

合流制排水系统不透水面积: 116平方千米

参与机构: 费城水务部、街道部、交通部、商业部、宾夕法尼亚州运输部和东南部运输管理局、费城规划委员会

时间轴: 2009年发布,2011年6月开始实施;在该计划的前五年,建成111个绿色街道

成本: 24亿美元

费尔芒特大街

目标

雨洪管理: 将合流制排水溢流污染减少85%,改善水质。

符合成本效益的法规: 使用绿色基础设施,减少污水溢流事件,从而在中水设施投资需求中节省数十亿美元。

水质: 改善费城河流和流域的水质。

概述

根据宾夕法尼亚州环境保护部于2011年颁布的一项协议,费城水务部负责减少合流污水溢出,并改善费城市内的水质。这是费城具有里程碑意义的规划,目的是实现"绿色城市、清洁水域"的相关目标,优先利用费城水务部门的投资,以及政府津贴对超过38平方千米的不透水区域的雨洪径流实施管理。在费城市部署绿色基础设施,该项目的GSI投资比传统的中水系统投资更具成本效益,同时支持整个费城的投资项目,以及城市公园、学校、街道的改造工程。

雨洪路缘扩展带，皇后巷

街道占据了大约38%的不透水表面，住宅屋顶占不透水表面的20%（约为街道所占面积的一半）。"绿色城市、清洁水城"计划充分利用多个机构的投资，在费城街道上部署一系列的绿色基础设施。

费城的绿色雨水基础设施投资旨在最大限度地提高指定地区内管理的雨水径流量。沿着人行道，收集街道和人行道的雨水，从植草沟到雨水花园、植被区和树木沟壑，采取一系列干预措施。

费城水务部与各方合作，投资了城市的其他项目，并深入学校，实现了"绿色蔓延"，以缩短学校附近的穿行距离，增加城市绿化率，以及支持商业廊道的绿化工程。

成功的关键

加强联络。指派一位联络人，加强规划机构与工程部门的联络，有助于开展新的绿色街道合作业务，并解决机构间的冲突。

持续和定期沟通。与街道部门召开季度会，为探索新设计和解决项目管理问题提供一个开放平台。绿色街道委员会的任务是审查和批准试点技术、处理与GIS系统有关的问题、改进代理协议以及讨论合作项目。

预先审查协议。由于费城的每条绿色街道旨在优化地实施雨洪管理，因此绿色街道项目要求其合作伙伴尽早提供投资。预先审查协议可以在设计初期解决城市街道管理部门和相关机构之间的冲突，从长远来看，可以节省大量资金和时间。

充分利用整条街道的资金。费城充分利用水务部门在绿色基础设施方面的投资，将之用于规模更大、更全面的拨款项目。例如，费城水务部在费城北部一条3.2千米长的走廊沿线投资325万美元建设植草沟，支持投资1800万美元的创新街道项目，该项目混合了政府和联邦的拨款资金。

加强合作，把握机会。与费城市政府合作，让费城水务部与合作伙伴共同分担项目成本，从而更好地开发管理雨水径流的项目。

经验教训

设计是迭代的。持续的监测评估以及维护管理为绿色街道设计团队提供了重要反馈，有助于费城水务部开发出更有效、性价比更高且更具影响力的项目。

持续的沟通是关键。无论指定关键人，还是机构领导之间的定期会议，频繁的沟通对项目的成功至关重要。

成果

五年之后，"绿色城市、清洁水域"项目在全市440个公共和私人场所建造了1600多种绿色雨洪工具。每年减少了57亿升的合流制排水溢流污染。

得益于绿色基础设施项目，该计划已投资5100万美元，用于建造街道、公园、学校和公共住房，并提供了430个绿色就业岗位。

亨特街第五十五号

绿色公交候车亭屋顶

合作

加强合作，有助于为绿色基础设施的建设提供更多动力和机会。从筹措资金、编制计划到政策的落地实施和维护，公共机构必须与其他部门以及非政府机构加强合作。强有力的合作有助于获得公众对绿色街道的支持，并开发更好的项目。

"绿色街巷"计划需要在公共机构和私人利益相关者之间进行有效沟通，加利福尼亚州旧金山

项目获得成功的关键：进行机构之间的协调

协调负责水、街道、公园和公共交通等部门。 协调包括绿色基础设施在内的各种街道设计项目，以便实现多个目标。为了确保行人安全或改善公共交通，有些项目需要改变道路边线。将公共管理区域附近（如公园或绿道）的街道变化整合起来，可以增加雨水容量。此外，加强机构间的协调合作有助于提高街道基础设施投资的能力，为整个社区提供"三重底线"。

多部门合作的项目应协调工作重点，以及施工时间。在整个过程中，从计划到设计、实施和维护，应进行定期沟通。

落实责任。 协议或谅解备忘录是落实联合项目的重要步骤。在程序化的基础上，协议和谅解备忘录表明了行政领导对合作项目的热情和承诺，这对项目经理来说非常重要。在项目层面，备忘录对落实维护和责任分配非常重要。例如，明确公共交通、公园管理、水务管道部门之间的维护任务。

对基础设施进行定期维护，有助于确保绿色基础设施系统的使用寿命。评估每个部门的能力，并明确指出各项任务的要求。

纽约州纽约

纽约市环境保护部、交通运输部和公园和娱乐部制定了三方理解备忘录，概述了各机构在GSI建设、维护和运营方面的责任。

合作伙伴的资金投入。 协调投资，通过利用多个不同方案资源，促进项目资金的落实。

例如，致力于"安全到校"项目的投资资金可以与GSI投资相结合，以确保学校周边地区的生态平衡，缩短学生、家长、教师和员工的穿行距离。为雨洪树提供资金，可以增加对商业廊道上的经济发展投资。公共交通线路的资金可以和雨洪管理资金结合使用，为建设更有影响力的绿色廊道创造便利条件。协调一致的投资使项目更具成本效益，并方便更好地管理公共资金。

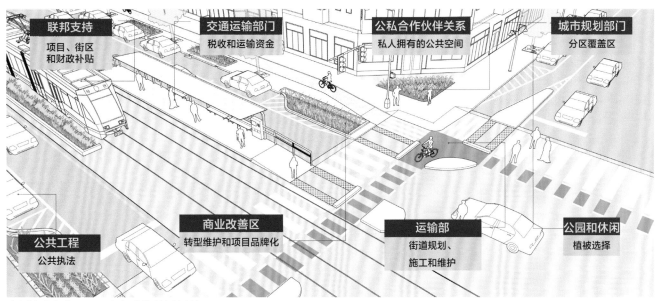

联邦支持
项目、街区
和财政补贴

交通运输部门
税收和运输资金

公私合作伙伴关系
私人拥有的公共空间

城市规划部门
分区覆盖区

商业改善区
转型维护和项目品牌化

运输部
街道规划、
施工和维护

公园和休闲
植被选择

公共工程
公共执法

成功的绿色街道项目需要众多利益相关者的支持

公私合作

法规和采购政策可以促进绿色街道设施的发展。虽然大多数监管框架不支持开发商开发的绿色街道，但可以利用信用额度、规划单元开发协定和绿色街道购买协议来资助或开发绿色街道。特别税区，如商业区和业主协会，也可以成为在路权中实施绿色基础设施战略的一部分。

项目合作可以促进公私伙伴共同建造绿色基础设施。无论通过支持第三方合并私有财产项目还是私营企业项目经理来监督GSI开发，都可能以较低的成本开发GSI。成功的合作关系可以明确划分责任，互相监督，并支持在合同和合作协议中的数据与共享。

公共宣传、教育和伙伴关系

社区在新项目中投入资金和其他资源时，通常创建监督委员会，以指导公共投资，这些委员会通常由不同利益相关者和专家组成。在世界范围内制定执行生物滞留计划时，该委员会还可以帮助他们所代表的团体对外协调。

只有建造有效的基础设施，项目才会取得成功。许多城市通过提供技术培训课程、信息材料、设计标准来协助当地设计师、工程师、承包商和居民来长期实施街道设计项目。

绿色波特兰

在波特兰，街道的资本项目将1%的建设成本纳入绿色计划基金。社区利益相关者可以通过申请拨款来建造绿色基础设施，这些设施在公共场合处理雨洪。

非政府组织可以提供教育和培训，为志愿者提供维护生态设施的场地，特别是在居住区和商业区。非政府组织还可以协助拨款申请或分配拨款资金。

城市可以通过拨款计划和维护协议与社区团体建立正式的合作关系，使当地居民和企业从项目中获益。

旧金山城市水域管理津贴

旧金山有一个针对社区GSI项目的有竞争性的拨款项目。非营利机构、社区组织和学校都可以申请资金，用来规划、设计和建造绿色雨洪设施。

媒体在相关计划和政策的宣传方面发挥着重要作用。对于项目的目标和益处，积极主动的沟通可减少建造生物滞留设施过程中的阻力。

运营与维护

如果维护得当，GSI 的性能可以随着时间的推移而提高。植物的根系可以收集并保存更多雨水。健康的植被和土壤能增强蒸腾作用，减少城市热岛效应，支持地下水补给，恢复自然生态循环和自然资源。

强有力的运营和维护计划对于充分利用绿色基础设施至关重要。维护人员可以减少设计过程中的疏忽，并确保 GSI 充分发挥作用。

志愿维护人员，宾夕法尼亚州费城

确立服务水平标准

为了维护绿色基础设施，确立可接受和不可接受的服务水平标准。这些绩效标准必须清晰易懂。

分阶段的服务水平标准有别于绿色基础设施的建造和长期维护。在确立过程中，设施可能需要灌溉，以便植物生根。建成后的一至三年应更仔细地维护、除草和修剪。

与居民区的项目相比，位于沿街商业区内的项目可能对植物的修剪有更高标准。在项目规划阶段，采用邻近社区的服务水平标准来重新审查项目是十分重要的。

定义角色和责任

在各部门和机构内部以及跨部门之间，明确的GSI追踪、检查和维护责任是十分重要的。在设计过程中，为资产管理的维护和监督确立明确的角色和协议；制定协议或备忘录，并明确责任和合作关系。

维护工作可以由政府部门或承包商完成，作为实施过程中的一部分，确立角色和协议。为了满足维护需求，需明确任务和进度计划。员工培训和设备采购也十分关键。

商业改善区、社区组织、管理人员以及业主，如果接受过适当的培训和教育，都可以成为有价值的街道维护合作伙伴。

追踪并管理资产

随着GSI规模的扩大，准确、最新的数据库是强有力的工具，有助于维护高水平的系统性能。资产管理可追踪设施位置、年限、设计要素（如地下设计）、安装目的、监管报告需求以及检测记录。

资产追踪系统应包含每个特定设施所需的监控和维护信息。监测结果也可用于改进和调整标准细节。

GSI系统应精确到具体设施，而不是大规模追踪，以便更好地理解和预测每年的维护需求。

创建监管、维护和设计人员之间的反馈系统，了解项目的实际运作情况，对改进未来设施的设计至关重要，特别是当设计针对具体的标准时。

表层维护

表层维护对生态性能和审美价值都很有必要。从雨洪设施和树沟里清除垃圾、沉淀物和碎片，应在每周和每季度完成，如果条件允许，可以和社区团体或商业改善区合作。

侵蚀修复和控制，以及结构或路面检查（潜在的修复）工作，应由受过培训的人员每年至少进行一次。

对于渗透性的路面系统，每周应完成街道清理工作，确保孔隙畅通，以供排水。铺路材料之间的小石头应定期更换，因为细小的材料经过磨损会逐渐变形。

根据设计目标监控生物滞留设施。使用水样采集监测或渗透测试，确保设施按预期排水，必要时监控沉淀物累积率，并调整清洁和维护频率。

与非营利性组织和社区组织开展合作，以进行额外的景观美化和清洁，尤其是在商业区等重要区域。在概述工作范围时，考虑合作伙伴的组织能力。

植被维护

在新的生物滞留设施建造期间，浇水和灌溉措施必不可少，应在项目初期就进行维护。管道灌溉系统或水袋可以减少人工培育新植物所需的劳力。

除草对设施的健康和性能至关重要，尤其是在安装后。工作人员应每周对新设备进行护理。

工作人员正在养护植物，华盛顿州西雅图

为了防止出现损失、凝结或其他影响植被健康的问题，应定期检查覆盖物和土壤。

作为常规表面检查和护理的一部分，养护人员、经过训练的合作伙伴以及管理员应该每个月至少修剪一次。确保合作伙伴接受过专业教育，这样植物就不会被过度修剪。另外，在寒冷的气候条件下，每年冬天修剪多年生植物。

设施老化时，应进行重大维护或全面重建，以替换土壤、覆盖物或植被等特征成分。

地下维护

半年或一年一次的地下清洁和维护工作，取决于设施的类型、区域气候以及对设施的使用强度。

典型的地下工程可能包括真空清洁、喷射清理下水管道，以确保适当的排水速率和容积。

虽然绿色基础设施的预期寿命因建筑材料、气候、设施管理和雨洪处理量而有所不同，但应周期性地更换土壤介质，并全面重建雨洪设施。虽然设施的使用寿命差别很大，但在设计过程中应对其进行广泛的规划。定期维护可以延长绿色基础设施的使用寿命。

明尼苏达州明尼阿波利斯，华盛顿大道

性能评估

雨洪方案旨在使城市街道变得更加美好，应采用适当的性能指标，并采取各种措施，确保各项政策落到实处。城市必须选择支持其政策和项目目标的绩效指标，并使设计师在整个项目开发过程中都持续关注这些指标。此外，实施绿色雨洪实践的城市还应针对基础设施的性能和投资回报编制报告，作为合规报告的一部分。

认真规划衡量 GSI 系统功能和效能的策略，有助于向社区居民宣传可持续性雨洪基础设施的好处和价值。

性能评估：政策目标

绿色基础设施项目应根据其对城市政策目标的贡献进行评估。

性能评估可分为三大类：生态性、机动性和城市活力。下面列出了主要指标和次要指标，这些指标有助于进行更深入的对话和交流，以实现近期和远期的可持续发展和其他目标。

生态性	机动性	城市活力
GSI旨在管理雨水径流、缓解洪涝灾害、改善水质以及保护当地水体。生态目标因项目和城市而异，应建立在法规要求和政策承诺的基础之上。在工程和项目尺度层面上的生态性能评估为系统的开发和管理提供了指导原则，也为优化项目流程提供了机会。	城市雨洪设计应作为城市系统的一部分，使街道更安全、更具吸引力，并且更适合各种出行方式。城市各部门间及各地之间应加强合作，对雨洪街道的安全性和机动性实施监测。	城市繁荣依赖于社会活动、人际关系、文化参与和环保意识。公共健康和经济发展是城市繁荣的基础。向公众传达绿色基础设施的多种好处，可以开展新的合作伙伴，城市活力的监测措施可以为绿色雨洪项目带来示范功效并产生动力。

主要指标

生态性

水体
> 体积缩减量
> 水质
> 流速

土壤
> 入渗率
> 沉积物

植被
> 植被建设
> 树冠
> 物种多样性

机动性

安全性
> 交通意外死亡和重伤人数
> 冲突点及特征
> 减速

可持续交通
> 自行车骑行、步行以及乘坐公交车出行的数量和百分比

可达性与活动
> 停车场的利用率
> 货运通道与停车时间
> 公共空间调查

城市活力

公共空间
> 公共空间调查
> 公园密度

公共卫生
> 水质
> 与污染有关的疾病
> 主动性娱乐
> 肥胖率

经济性
> 财产价值
> 能源需求

次要指标

生态性

物种栖息地
> 传粉媒介的存在

气候变化的减缓
> 蒸散率
> 能源消耗

机动性

可持续交通
> 城市出行方式的转变
> 自行车骑行、步行以及乘坐公交车出行的数量和百分比变化
> 与交通相关的污染，包括温室气体排放量

城市活力

公共卫生
> 与温度上升有关的疾病
> 慢性病发病率
> 心理健康

经济性
> 区域经济增长

性能评估：项目和工程尺度

很多城市在各种尺度上已经部署了 GSI，从试点工程到数百万美元的投资项目。评估 GSI 系统的性能对于指导设计和维护工作、进行合理的项目投资，以及建立广泛的社会认同。

工程

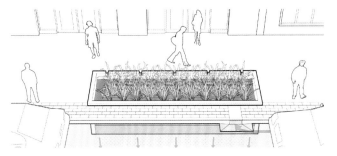

在工程尺度方面的性能测量，应评估雨洪基础设施如何满足其特定的生态和水文目标、街道设计如何满足机动性目标，以及整个工程对城市活力的贡献度。工程级别的性能数据有助于扩大项目规模，减少雨水径流。

工程级别的度量标准可能与特定的资金或法规要求挂钩，尤其在项目为了解决特定问题或满足当地需求的情况下。

工程级别的度量标准是展示影响力的有力工具。试点工程应包括用于沟通多种利益方的分立式指标，强有力的数据和估值是获得公众支持和利用未来资金的有力工具。

项目

GSI 项目是在全市范围的多阶段、多点实施方案。项目级的投资和实施通常为政策承诺、法律法规或分区要求所驱动。GSI 系统的性能在城市或区域范围内进行监测，并且作为一个连通网络纳入监控范围。

项目级的监测根据现有项目的实践、经验和数据调整变量，通常是模型化的。建模往往比监测费用低，能够被一些有验证合规需求的监管者所接受。在建模和监测数据都是有效的情况下，可以通过校准对模型进行细化，以预测不同天气趋势下各种特征的表现。

监测通常比较昂贵，由于监测期间场地和天气情况具有不确定性，导致监测结果很难解释。为了进行资源密集型的绩效监测，城市经常与大学或其他团体合作。

性能评估：生态性

工程级的评估

体积缩减

减少进入中水设施系统和当地水体的雨水径流体积是绿色基础设施项目的首要目标。根据设计目标，通过滞留、土壤水分蒸发、蒸腾总量以及渗透三者组合，可以有效缩减雨水径流的体积。

计算生物滞留池的存储量，减小雨水径流峰值，同时，使用雨量计收集降雨数据，这些数据设定了测量蒸散量和径流的基线。项目建设前，在排水区域监测雨水径流量；实施后，监测排污口或生物滞留池，以评估径流体积的减少情况。

监控资产，纽约州纽约

水质

水是否滞留并缓慢流入排水系统或渗入地下，污染物去除和水质改善是GSI工程的核心目标。

在项目实施前后，监测进入污水管道系统或邻近项目工地的局部水体的污染物水平，以评估水质的改善情况。

防洪

无论在街道上，还是地下水位较高、地下室水淹严重的社区，实施GSI项目通常是为了减少雨水径流。

在项目排污口进行减量测算，以评估防洪影响。追踪由街道泛滥造成的交通堵塞情况，以及邻近项目区的建筑地下室保险索赔情况。

俄勒冈州波特兰

在第十二街西南和蒙哥马利街，四个在线生物滞留池在风暴流测试中成功保存了72%～77%的径流量。设计师还测试了2007年至2010年间所有生物滞留池的水位下降时间、土壤污染物和积水深度。

通道保护

GSI工程经常用于减轻下游河流和河床的退化。城市雨水径流，特别是频繁、高流量的水流易造成河岸冲刷，对桥梁和排水基础设施造成严重破坏。河床退化也会对野生动物栖息地和生物多样性产生负面影响。

对河岸和河床的直接监测可表明该项目对下游河道保护的影响程度。

地下水下降时间

生物滞留设施在水缓慢流入排水系统或渗入地面之前收集和储存雨水。收集的雨水必须在规定的排水时间内排出，一般为24~72小时，以限制积水的持续时间，并确保生物滞留设施能够应对下一场暴风雨。

在某些气候条件下，蓄水时间对于防止蚊子幼虫在积水中的生长发育尤为重要。

入渗率

雨洪设施、透水人行道和土壤介质的评估是基于其入渗率。入渗率是指测量水通过表面介质（如暴露的土壤或多孔路面）的速率。

入渗率取决于工程位置、土壤、路面孔隙度、土壤处理污染和沉积物的能力，以及工程与地下水位距离的季节性变化。确定入渗率的其他因素包括地下水的水位、浅基岩或其他限制性土壤层，以及具有残留污染物负荷的历史工业用地等。

入渗率应依据减少通过土壤介质到地下水位的污染物负荷而设计。通过测试项目实施前后现场的入渗率来衡量是否成功。

污染物负荷

落在地上的雨水在穿过街道表面并进入雨洪管理设施时，可收集沉积物、营养物和重金属。在雨洪滞留池收集并过滤这些污染物，可阻止下游水污染以及造成公共健康风险，降低环境品质的赤潮。

监测雨水径流中的悬浮固体，可代替测量养分和重金属负荷。测量水质和污染物负荷的要求通常由相关部门颁布的指令决定。

植物健康

植物生存和繁衍的能力对绿色基础设施的雨洪管理性能来说至关重要。健康生长的植物可使社区永葆活力。

植物健康有赖于土壤成分、污染物负荷、径流强度、盐雾、被践踏的风险和抗洪水或干旱的耐久力。物种的多样性有助于营造高品质的生态系统。

评估植物能否在雨洪滞留池中成功生长，监测植物的健康状况是衡量项目成功的指标。

物种栖息地

近年来，由于栖息地的丧失和杀虫剂的使用，本地蜜蜂种群的数量不断下降，对依靠授粉的粮食作物造成严重威胁。在城市中，人类的生存威胁着许多传粉昆虫（包括蝴蝶、蛾子、甲虫和蜂鸟）的栖息地。

植物的雨洪基础设施和多样的本土植物可以为蜜蜂和其他传粉者提供栖息地，恢复重要的生态联系。城市栖息地的恢复是保护蜂群的重要手段，有助于丰富粮食作物的种类，确保其健康生长。

监测绿色基础设施项目中传粉者的存在情况。

得克萨斯州奥斯汀

奥斯汀市议会于2015年通过了一项决议，将本地马利筋草纳入城市财产中，以改善传粉者的栖息地。从此，奥斯汀流域保护部门将马利筋植物纳入绿色GSI项目中，以吸引蜜蜂、帝王蝶和其他传粉者。[1]

项目级的评估

绿地面积

实施绿色雨洪基础设施计划,可以减少全市范围内的不透水表面,缩小自然水文循环的障碍。许多城市设定了绿地面积目标,每次暴风雨来临时,依靠绿色基础设施管理不透水地面上最少2.5厘米的降雨量。

在规划实施过程中,通过测量不透水地面的面积百分比的减少情况来评估目标的进展。与社会各界交流绿化面积增加的情况,获得更广泛的公众支持。

地理信息系统(GIS)工具可以提供强大且划算的方法来建模和预测植被覆盖情况。

宾夕法尼亚州费城

费城水务局的"绿色城市、清洁水域"计划对绿化面积进行了追踪,该市在2011年至2016年间增建了1100多个绿色雨洪管理设施。[2]

流域健康

在规划层面,GSI设计旨在保护和改善流域健康。流域优于管辖边界,健康的流域对于公共卫生、安全饮用水和野生动物栖息地至关重要。

流域健康的综合评估要素包括景观条件、水文、地貌、栖息地、水质、生物多样性和气候变化的脆弱性等。可以从EPA的"健康流域计划"中了解更多信息。[3]

树冠

许多城市设定了增加全市绿化率的特定目标,并把计算树冠增长率作为全面GSI计划的一部分。

绿色基础设施项目和增加的树木冠层通过去除污染物和截留颗粒物来改善当地空气质量。随着绿化项目规模的扩大,当地空气质量得以明显改善。

纽约州纽约

纽约公园和娱乐部绘制了一个全市范围的树木地图,在这张树木地图上,每一棵雨洪树都被定位。树级数据包括物种、树干直径、对雨水渗透、蒸发蒸腾和能量需求的估算。这些数据可用于直接监测,或预测树木的经济价值。[4]

监管合规

合流制排水的城市，水厂抗洪能力不足，过量的径流排入附近水体，容易造成严重的水污染和公共卫生风险。《清洁水法》明确规定了控制进入水体的污染排放量。城市有关部门与环境保护部门达成一致意见，减少水污染或合流制排水系统的污水溢流。

GSI是市级策略之一，旨在减少合流制排水系统的污水溢流。污水溢流的频率和严重程度是GSI工程的评价指标之一。

纽约州纽约

环境保护部会监管已签署同意书的城市GSI资产，并监督这些城市使用公共地图工具的进展情况，该工具显示了建筑施工进度和总体执行情况。[5]

防洪

在过去的十年间，美国许多城市经历了罕见的暴雨。"百年一遇"和"五百年一遇"的暴雨接连出现，且频率越来越高，排水系统也逐渐吃力。暴雨给城市尤其是低洼地区造成了严重的经济损失，当地污水收集系统不堪重负，导致污水溢出。

虽然GSI系统并非为防洪而设计的，但其短期储水能力也可以降低洪灾带来的不利影响。GSI项目还可以辅助控制局部洪水、高水位社区的水灾和严重的地下洪水。

明尼苏达州明尼阿波利斯

明尼阿波利斯的公立学校与荷兰社区改善协会、密西西比流域管理组织合作，共同开发了明尼苏达州第一个绿色校园，校园设计了透水地面、沿街树池以及雨洪储罐，以供抗洪之用。该项目预计可以处理大约568万升的径流。[6]

减缓气候变化

在项目层面，绿色基础设施能够提供阴凉，有降温效果，减少了建筑能耗和相应温室气体的排放。

在水源处储存雨水可以减少水处理设施的电力需求和温室气体的排放。

GSI是创建宜居城市的重要手段，为人们提供舒适的步行空间，从而改变人们的出行方式，而出行方式的改变可以减少温室气体的排放。

随着时间的推移，统计全市温室气体的排放量，并评估GSI在减缓气候变化方面所起的作用。

对机动性的评估

工程级的评估

交通安全

安全保障是市政府的基本职责之一。城市街道应该为市民步行、骑行、公交出行、驾车或享受公共空间提供安全保障。

与普通街道一样，绿色雨洪街道的交通安全也应予以重视。GSI应纳入街道设计的考虑范畴，以消除因交通事故重伤或死亡的可能性。对待建项目和现有项目的设计细节进行安全性评估是十分重要的。

在设计过程中，以位置和碰撞类型（例如，追尾碰撞、转弯碰撞等）对交通事故进行分类统计。与警察局合作，收集数据，并编制报告。精确定位事故地点，以确定事故频发区。虽然在评估过程中很难确定事故的发生是否与GSI有关，但事故频发区的设计仍须高度重视。

街道伤亡人数是重要的评估指标。通过统计较长时间段内（至少3年）伤亡人员的数据，形成足够丰富的样本，比较项目实施前后的风险情况。

车辆超速行驶是街道的安全隐患，也是安全设计的优先考虑因素。GSI应起到保障交通安全的作用，降低机动车的速度，为人们营造安全的街道空间。评估街道改造项目能否有效治理超速问题，对速度数据进行采样分析时常常选取第85个百分位作为危险驾驶的速度值，但第95个百分位才更准确。

机动性

在项目层面，GSI项目可以与交通改善项目一起实施，如公交车停靠站或独立的自行车道，以提高骑行或步行的可达性，改善公共交通服务质量。通过街道运营策略和减少转向冲突来提高交通流量。

通过平均过境时间，评估公交辅助街道设计项目段的交通改善情况。停车次数和停车延误时间对于评价公共交通效率和车道内停靠站的合理性至关重要。分析机动车行驶速度的变化，绘制一张完整的移动路径图。

树荫可以改善候车环境，因此应在公交车站营造舒适的环境。通过对乘客进行调查，比对GSI实施前后公交车站的舒适度变化。

可达性和活动

项目是否的成功实施取决于当地景点和商圈的可达性，而这些空间周边的停车场改造备受关注。分析停车场的利用率，找出停车需求较低的地方，即绿色基础设施改造最易实施的地方。

重新分配街道停车位时，不仅需要计算场地所需的停车位，还应统计附近1~2个街区的停车位。例如，某街道浪费了50%的停车位，但这些停车位只占该街区内总停车位的1%~2%。所以在分配时，应区分大、中、小停车场。

加利福尼亚州旧金山

纽科姆大道上的可持续性街景项目不仅减少了72%~83%的雨水峰值流量，还降低了机动车85%的速度，并将穿过这条街道的机动车交通量减少了一半。[7]

项目级的评估

可持续发展的交通运输

将GSI项目作为街道改造策略的一部分。改造未使用或未充分利用的街道空间，提倡步行、骑行和乘坐公交出行等可持续性的出行方式。

在项目层面，收集并分析不同出行方式和每种出行方式的人数占比，特别是涵盖人行道、自行车道和公交设施改进的项目。分析各种出行方式占比是否有所增长。成功的GSI项目可以提升公共空间的品质，鼓励居民选择可持续性的出行方式。

在全市范围内，评估GSI项目对整体安全和居民出行方式转变所做的贡献。

绿色街道改善项目已成规模，可进行长期调研，比较每年全市步行、骑行和公交出行量的变化。通过随机调查，对人们选择步行、骑行或公交出行（而非驾车）的原因进行定性分析，并研究绿色基础设施是如何影响人们的出行体验。

对于适宜步行或骑行的街道空间，保证空气质量和减少污染至关重要的。街道环境改善后，人们更多地选择步行，这有助于减少二氧化碳的排放量。出行方式的改变预示着可持续的交通系统和城市设计的实现。

在规划层面，二氧化碳减排量可以通过节能进行衡量。无论降低能源需求，还是减少水处理设施的能源需求，都可以减少发电厂的二氧化碳排放量。

估算城市总的交通污染排放量，随着车辆总里程数的减少以及更高效的出行方式的普及，绿色基础设施可以有效减少空气污染。

对城市活力的评估

工程级的评估

公共空间和街道生活

可达性、连接性和活力是城市环境良好运行的要求。GSI项目有助于营造极具吸引力的街道景观和安全、美丽的公共空间。

对在公共场所步行、骑行和坐着的人进行随机调查，分析人群安全感、幸福感、压力感等定性数据。使用性别或年龄等指标来区分不同人群，确立不同的舒适性指标。

城市需要公共空间。对由汽车专用街道改造而成的空间进行评价。即使是硬质铺地，只要能够容纳公共活动，也是很有价值的。

评估项目实施前后的公共生活水平，并用照片记录变化。为了系统地评估项目，将项目数据与参照街道进行比较。比较改造前后的数据与照片，是评估未来项目和案例研究的重要工具。

调查居民生活，以评估公共空间中的活动。通过一系列"快照"，对街道中固定活动的人群进行计数。

经济效益

GSI项目为周边家庭、企业和社区提供了经济效益。

虽然GSI项目可以提高附近产业的价值，但数据样本很难收集。通过公众参与，以确保GSI项目满足社区需求。GSI并不是一种替代工具，特别是对于无法获得附加值收益的租户而言。

在项目干道上的当地企业使用零售和居住用房率、空置率以及销售税收等指标来衡量。对企业客户进行随机调查，调查客户的购买力或该店的潜在客户。[8]

从园林绿化建设到性能维护和管理，绿色基础设施项目可为当地提供大量就业机会，包括项目创造的直接就业机会，以及项目扩张所创造的间接就业机会。

GSI项目可以有效节能，尤其是那些绿树成荫的项目。[9]对比分析项目实施前后的能耗。随着时间的推移，树木逐渐成熟，可提供更多阴凉。

伊利诺伊州芝加哥

芝加哥的"绿色兵团"是一个为期九个月的项目，旨在为面临就业障碍的居民提供全职工作、职业培训和技能发展机会。"绿色兵团"成员就职于绿色产业并维护绿色基础设施。在该项目实施的前16年，75%的成员都可以在"绿色兵团"任职，甚至担任高级职位。[10]

项目级的评估

城市热岛效应

城市热岛效应比周边乡村地区要强，这与热相关疾病的增加有关，也导致居民对空调的需求增加，不利于节能和减少温室气体排放量。[11]硬质铺地蓄热能力较强，如路面、建筑或其他硬质铺地，城市热岛效应集中在硬质铺地率较高的地区。

温度并非评价GSI性能的直接指标，但可以为GSI系统设计提供有益的参考，通过蒸发散热和遮阳降低当地温度。

评估城市热岛效应的缓解状况时，应综合运用各种技术，包括监测城市各种表面反射和发射的能量，以及空气温度。

亚利桑那州菲尼克斯

菲尼克斯城市的热岛效应严峻，市中心的气温比附近沙漠地区和农田高15℃。菲尼克斯市制订了植树造林蓝图，目标是到2030年实现全市25%的平均遮阴覆盖率，以缓解城市热岛效应，降低能源消耗，减少雨水径流，并营造极具活力的公共空间。[12]

公共卫生

城市绿化有利于公众身心健康，是一项"社会福利"。

水质改善所带来的社会效益往往是绿色基础设施项目中最显著、最直接的。减少合流制污水在区域表层和地下水中的排放量，降低污染物、有害细菌和金属离子的含量，均可以带来良好的社会效益。

空气质量很容易检测。植物可以吸收空气中的污染物，也可以阻挡引发哮喘等慢性疾病的颗粒物。监测大气中二氧化氮和街道颗粒物的指标。

城市通过与公共卫生研究机构的合作，研究绿化街道对人类生活影响。监测附近居民的哮喘和与热相关疾病的发病率，研究街道对人们身体健康的影响。

此外，随着街道变得更有吸引力，肥胖和心血管疾病等健康指标也可以反映城市环境情况。

最后，城市绿地可以改善心理健康，减少压力和焦虑。[13]调查街道用户对绿色街道以及未改善街道的看法，记录他们对有无绿色空间和压力事件的反应或感知情况。

公正性

公平、公正的绿色基础设施项目可以将绿色空间分配给各个社区，并有意识地避免伤害弱势群体，因为低收入社区往往面临更大的污染和毒素风险。[14]任何负面影响不应全部地由某个社区承担。[15]

分析GSI设施和树冠的空间分布情况，评估资源是否公平投入。使用洪水模型来补充公众反馈信息，确保各个社区的项目顺利实施。

俄勒冈州波特兰

波特兰环境服务局在2010年公布了一份报告，记录了街道绿色项目实施后相关社会和经济指标的变化。研究人员发现，该绿色项目附近的居民满意度、经济价值、空气质量和水质均得到了明显改善。[16]

术　语

生物过滤是通过利用生物材料过滤雨水径流来截留和降解污染物、去除颗粒物和其他污染物的过程。生物过滤是在雨洪管理中使用活体植物材料来处理雨水径流的技术。

生物过滤池是指用来收集和处理雨水径流的设施，利用植物材料渗入并支持颗粒物沉降，以降解污染。生物过滤池可设计为带有渗透性或不渗透性的基座，以承托经生物方法处理后的径流输送。

生物滞留是指截获雨水径流，吸收和保留污染物，然后渗透、排出或蒸发水的过程。

生物滞留设施是指处理区域，通常设计为浅的景观洼地，旨在获取和处理沉积物和雨水径流。生物滞留设施设计成一种土壤与适应当地气候的植物的混合物，并从某一集水区域，如街道收集雨水。生物滞留设施旨在减少雨水径流的总量和表面流速，以去除或减少雨水径流中的沉积物和污染物。
» 雨洪设施
» 生物槽
» 雨水花园

植草沟是一种较浅的生物滞留设施，设施的所有面都是斜面，旨在收集、处理和管控来自集水区的雨水径流。
» 雨水花园
» 生物滞留洼地

生物滞留池指的是一种生物滞留设施，设施的四壁垂直，底部平坦，而大的表面积能够收集、处理和管控来自集水区的雨水径流。

带有暗管的生物滞留设施，无论哪种类型，均是用排水暗管构造的小室，用来收集通过生物滞留介质层向下过滤的水。

合流制排水系统是在管道中收集雨水径流，同时输送废水和生活污水的排水系统。

合流制排水溢流是指在雨水和废水的体积超过排水系统的容量时，在合流制排水系统中所产生的溢流，通常起因于暴风雨。当发生溢流时，未经处理的废水和雨水直接排入接收的水体中，如河流和湖泊。

路缘扩展带是路缘线在转角处、交叉路口或街道中段，延伸成道路的一部分或街区的一部分。在路缘扩展带，道路路缘石之间的宽度缩小了。路缘扩展带通过缩短过街距离，并且为人行道设施、生物滞留设施、公交站点或行道树提供额外的空间，来提高行人的安全性。
» 弧形路缘
» 路缘外凸
» 道路颈缩

滞留是指在以可控的流速缓慢放水之前，在地面或地下的储存设施中临时收集和保存雨水径流的做法，以防洪水和侵蚀。为雨水滞留所设计的系统可以是植物的，也可以不是。

分散是雨水径流的释放，这样水流扩散在一个广阔的区域内，以进行处理和渗透。

蒸发是水从土壤和植物表面蒸发，然后从植物叶子排出的过程。

绿色排水沟是沿街道路缘线窄而浅的景观带，旨在通过将种植介质的顶部放置在低于街道排水沟标高的绿色排水沟中，来处理雨水径流，让街道排水沟中收集到的雨水径流直接流入绿色排水沟中。

绿色雨洪基础设施（GSI）包括用于收集、过滤和处理从街道、人行道、停车场和其他不透水地面的雨水径流技术，并将径流引导至用自然过程对待和处理水体的工程设施。绿色雨洪基础设施包括生物滞留设施、雨洪树以及透水的人行道。
» 绿色基础设施
» 可持续的雨洪基础设施

定义	其他术语

混合生物滞留池是一种垂直墙面与梯级边坡组合而成的生物滞留设施。在通行权方面，垂直墙面可以设置在人行道一侧或街道一侧，保证生物滞留设施的三个面具有梯级边坡。

不透水是指为了防止流体通过而设计、建造的材料（层）。

» 不可渗透的

不透水表面是一种非植物性的表面区域，可以阻止水进入土壤，相较于开发前，在自然条件下能够产生更大的流量。不透水表面包括但不限于铺装的街道、人行道、停车场、沥青和混凝土铺路材料等，还包括其他阻止雨水自然渗入的路面处理。

» 硬景观

渗透是指将雨水通过地表吸收到下面土壤中的过程。

入渗率是指水进入土壤的速率，单位：厘米/小时。

入口是指路缘或道路的开口，将雨水从周围街道的集水区输送到生物滞留设施。

分流制排水系统（MS4）是指用管道收集和传输雨水，并与生活污水管道相分离的一种排水系统。

渗水性是指允许流体通过各种设施的能力。

» 可渗透

透水性路面是指透水混凝土、透水沥青、透水混凝土连锁地砖，或其他形式的透水、多孔铺路材料，作用是允许水通过路面部分。

种植带是在路缘和人行道之间用植物、草或行道树美化的区域。

» 林荫大道
» 种植区
» 人行道缓冲带
» 阔叶树草坪

预沉区是用于被动收集雨水设施上游端的悬浮物、颗粒物和沉积物的区域。

» 沉积物收集器
» 前池
» 泥沙收集垫

蓄水是指现场收集并保留雨水，以减少径流到排水系统的做法。水会蒸发，通过植物渗出或渗入土壤。

雨水径流是指从沥青、混凝土等硬质景观"流失"的雨水或融雪所产生的水。由于雨水不能渗入地面，因此不透水表面覆盖率较高的地区，如街道、停车场和建筑，易产生更多的雨水径流。

» 径流

雨洪树是指在树坑或树穴中种植的树木，旨在最大限度地保留雨水。该系统通过设置侧墙、地下小室、结构性土壤以保留雨水。土壤介质易于雨水渗入，通常位于街道排水沟标高之下，这样树木便可以"管理"来自街道或人行道的雨水径流。雨水渗入土壤，穿过树叶或排入雨水管网的连接处。

» 树井
» 树坑
» 树盒

雨洪树沟是连接一系列线性街道树木的地下沟槽，将雨水径流分布在树木之间。这些树木享有相同的土壤量，地下部分未受到明显的破坏。

» 树沟

注　释

1　作为生态系统的街道

作为生态系统的街道

1　Maniquiz-Redillas, Marla C., and Lee-Hyung Kim. "Evaluation of the capability of low-impact development practices for the removal of heavy metal from urban stormwater runoff." *Environmental technology* (2016): 1-8.

2　*2013 Report Card for America's Infrastructure: Wastewater.* American Society of Civil Engineers. Accessed Nov. 2016 (www.infrastructurereportcard.org).

3　City of New York Department of Environmental Protection. NYC Green Infrastructure Plan: A Sustainable Strategy for Clean Waterways. City of New York, NY; 2010. Accessed Nov. 2016 (http://www.nyc.gov/html/dep/pdf/green_infrastructure/NYCGreenInfrastructurePlan_LowRes.pdf).

4　National Centers for Environmental Information. *Billion-Dollar Weather and Climate Disasters: Overview.* National Oceanic and Atmospheric Administration. Accessed Nov. 2016 (https://www.ncdc.noaa.gov/billions/overview).

5　United States Environmental Protection Agency. *Combined Sewer Overflows (CSOs).* National Pollutant Discharge Elimination System (NPDES), Washington, DC: accessed Nov. 2016 (https://www.epa.gov/npdes/combined-sewer-overflows-csos).

6　Festing, H., et al. *A RainReady Nation: Protecting American Homes and Businesses in a Changing Climate.* Center for Neighborhood Technology (2014).

7　Tebaldi, Claudia, Benjamin H. Strauss, and Chris E. Zervas. "Modelling sea level rise impacts on storm surges along US coasts." Environmental Research Letters 7, no. 1 (2012): 014032.

8　Nowak, David J.; Greenfield, Eric J. "Tree and impervious cover change in U.S.," *Urban Forestry & Urban Greening*, 2012, 11(1): 21-30.

9　Liu, Wen, Weiping Chen, and Chi Peng. "Assessing the effectiveness of green infrastructures on urban flooding reduction: A community scale study." *Ecological Modelling* 291 (2014): 6-14.

10　Netusil, Noelwah R., Zachary Levin, Vivek Shandas, and Ted Hart. "Valuing green infrastructure in Portland, Oregon."

Landscape and Urban Planning 124 (2014): 14-21.

2　雨洪规划

可持续性的雨洪网络

1　United States Environmental Protection Agency. "Policy Memos." Accessed Nov. 2016. https://www.epa.gov/green-infrastructure/policy-memos.

2　City of Los Angeles Department of Buildings and Safety. Guidelines for Storm Water Infiltration. City of Los Angeles, CA; 2014. Accessed Nov. 2016 (http://www.lastormwater.org/wp-content/files_mf/appxhfinal.pdf)

3　Greenways to Rivers Arterial Stormwater System, Phase 1: Summary Report. Los Angeles Department of Sanitation, Department of Public Works, California State Polytechnic University, Pomona 606 Studio, and UCLA Extension Department of Landscape Architecture (2013).

3　雨洪街道

雨洪街道的类型

1　Levine, Kendra K. Curb Radius and Injury Severity at Intersections. Berkeley: Institue of Transportation Studies Library, 2012.

2　Fan, Yingling, Andrew Guthrie, and David Levinson. *Perception of Waiting Time at Transit Stops and Stations.* Working paper, University of Minnesota, Minneapolis, MN: 2015.

4 雨洪要素

绿色雨洪要素

1 United States Access Board. "Ch. 4 Accessible Routes." US Department of Justice, Washington, DC: accessed Nov. 2015 (https://www.access-board.gov/guidelines-and-standards/buildings-and-sites/about-the-ada-standards/ada-standards/chapter-4-accessible-routes).

2 United States Access Board. "Ch. 4 Accessible Routes." US Department of Justice, Washington, DC: accessed Nov. 2015 (https://www.access-board.gov/guidelines-and-standards/buildings-and-sites/about-the-ada-standards/ada-standards/chapter-4-accessible-routes).

3 Donovan, Geoffrey H., and David T. Butry. "Trees in the city: Valuing street trees in Portland, Oregon." *Landscape and Urban Planning* 94, no. 2 (2010): 77-83.

4 Massachusetts Department of Transportation. "Chapter 3: General Design Considerations." *Separated Bike Lane Planning & Design Guide* (2015).

5 United States Environmental Protection Agency. "Soak Up the Rain: Trees Help Reduce Runoff," Accessed Nov. 2016. (https://www.epa.gov/soakuptherain/soak-rain-trees-help-reduce-runoff)

6 United States Access Board. "Ch. 3 Building Blocks." US Department of Justice, Washington, DC: accessed Nov. 2016 (https://www.access-board.gov/guidelines-and-standards/buildings-and-sites/about-the-ada-standards/ada-standards/chapter-3-building-blocks).

7 See ASCE guide for recommendations on ratio of run-on to permeable pavements. ASCE *Permeable Pavements Recommended Design Guidelines.*

绿色基础设施的配置

1 Lagune-Reutler, Marina; Guthrie, Andrew; Fan, Yingling; Levinson, David M. (2016). "Transit Riders' Perception of Waiting Time and Stops' Surrounding Environments." *Transportation Research Board*, 2016. Retrieved from the University of Minnesota Digital Conservancy, http://hdl.handle.net/11299/180075.

2 United States Access Board. "Ch. 4 Accessible Routes." US Department of Justice, Washington, DC: accessed Nov. 2015 (https://www.access-board.gov/guidelines-and-standards/buildings-and-sites/about-the-ada-standards/ada-standards/chapter-4-accessible-routes).

生物滞留设施设计的注意事项

1 American Mosquito Control Association. "Life Cycle." Accessed Nov. 2016. http://www.mosquito.org/life-cycle

2 Maimone, Mark, D. E. O'Rourke, J. O. Knighton, and C. P. Thomas. "Potential impacts of extensive stormwater infiltration in Philadelphia." *Environmental Engineer* 14 (2011): 29-39.

5 合作与绩效

性能评估

1　City of Austin. "What's the Royal Buzz about Pollinators?" Accessed Dec. 2016. http://www.austintexas.gov/blog/what%E2%80%99s-royal-buzz-about-pollinators

2　Philadelphia Water Department. "Green City, Clean Waters." Accessed Nov. 2016. http://www.phillywatersheds.org/what_were_doing/documents_and_data/cso_long_term_control_plan

3　United States Environmental Protection Agency. "Healthy Watersheds: Protecting Aquatic Systems through Landscape Approaches." Accessed Nov. 2016. https://www.epa.gov/hwp

4　New York City Department of Parks and Recreation. "New York City Street Tree Map." Accessed Nov. 2016. https://tree-map.nycgovparks.org/

5　New York City Department of Environmental Protection. "DEP Green Infrastructure Program Map." Accessed Dec. 2016. https://www.arcgis.com/home/webmap/viewer.html?webmap=0061d39df78d41978b9a662fb8d17981

6　Mississippi Watershed Management Organization. "News Release: Edison High School Leads the State in Going Green." August 16, 2016. Accessed Dec. 2016 (http://edison.mpls.k12.mn.us/uploads/edison-green-campus-news-release-2016-08-16.pdf)

7　San Francisco Public Utilities Commission. "Newcomb Avenue Green Street Monitoring Report Rainy Seasons 2011-2012 and 2012-2013." Accessed Dec. 2016 (http://sfwater.org/modules/showdocument.aspx?documentid=8301)

8　Netusil, Noelwah R., Zachary Levin, Vivek Shandas, and Ted Hart. "Valuing green infrastructure in Portland, Oregon." *Landscape and Urban Planning* 124 (2014): 14-21.

9　Akbari, H. "Energy Saving Potentials and Air Quality Benefits of Urban Heat Island Mitigation." Lawrence Berkeley National Laboratory (2005). Accessed Nov. 2016 (http://www.osti.gov/scitech/biblio/860475)

10　Institute for Sustainable Communities. *Greencorps Chicago: Program to Reintegrate Ex-Offenders Into the Workforce* (2010).

11　United States Environmental Protection Agency. "Heat Island Effect." Accessed Nov. 2016. https://www.epa.gov/heat-islands.

12　City of Phoenix. Tree and Shade Master Plan. City of Phoenix, AZ; 2010. Accessed Dec. 2016 (https://www.phoenix.gov/parkssite/Documents/071957.pdf)

13　Alcock, Ian, Mathew P. White, Benedict W. Wheeler, Lora E. Fleming, and Michael H. Depledge. "Longitudinal effects on mental health of moving to greener and less green urban areas." *Environmental science & technology* 48, no. 2 (2014): 1247-1255.

Tzoulas, Konstantinos, Kalevi Korpela, Stephen Venn, Vesa Yli-Pelkonen, Aleksandra Kaźmierczak, Jari Niemela, and Philip James. "Promoting ecosystem and human health in urban areas using Green Infrastructure: A literature review." *Landscape and urban planning* 81, no. 3 (2007): 167-178.

14　Vanderwarker, A. "Water and Environmental Justice." *A Twenty-First Century US Water Policy* (2012): 52.

15　Wolch, Jennifer R., Jason Byrne, and Joshua P. Newell. "Urban green space, public health, and environmental justice: The challenge of making cities 'just green enough'." Landscape and Urban Planning 125 (2014): 234-244.

16　City of Portland Bureau of Environmental Services. Portland's Green Infrastructure: Quantifying the Health, Energy, and Community Livability Benefits. City of Porland, OR: 2010. Accessed Nov. 2016 (https://www.portlandoregon.gov/bes/article/298042)

参考文献

1 作为生态系统的街道

作为生态系统的街道

Foster, Josh, Ashley Lowe, and Steve Winkelman. "The value of green infrastructure for urban climate adaptation." *Center for Clean Air Policy* 750 (2011).

Green, Tom L., Jakub Kronenberg, Erik Andersson, Thomas Elmqvist, and Erik Gómez-Baggethun. "Insurance value of green infrastructure in and around cities." *Ecosystems* (2016): 1-13.

Lukes, Robb, and Christopher Kloss. "Managing wet weather with green infrastructure, Municipal Handbook, Green Streets." *Low Impact Development Center,* Vol. 9. EPA-833-F-08 (2008), Environmental Protection Agency.

Netusil, Noelwah R., Zachary Levin, Vivek Shandas, and Ted Hart. "Valuing green infrastructure in Portland, Oregon." *Landscape and Urban Planning* 124 (2014): 14-21.

"The relevance of street patterns and public space in urban areas." UN-Habitat Working Paper (2013): http://mirror.unhabitat.org/ downloads/docs/StreetPatterns.pdf.

Rosenzweig, C., W. Solecki, and New York City Panel on Climate Change. "Climate risk information 2013: Observations, climate change projections, and maps." *New York City Panel on Climate Change* (June 2013). http://www. nyc. gov/html/planyc2030/ downloads/pdf/npcc_climate_risk_ informatio (2013).

Walsh, Christopher J., Derek B. Booth, Matthew J. Burns, Tim D. Fletcher, Rebecca L. Hale, Lan N. Hoang, Grant Livingston et al. "Principles for urban stormwater management to protect stream ecosystems." *Freshwater Science* 35, no. 1 (2016): 398-411.

Cities and Climate Change: An Urgent Agenda. The International Bank for Reconstruction and Development/The World Bank (2010).

2 雨洪规划

可持续性的雨洪网络

Andersson, Erik, Stephan Barthel, Sara Borgström, Johan Colding, Thomas Elmqvist, Carl Folke, and Åsa Gren. "Reconnecting cities to the biosphere: Stewardship of green infrastructure and urban ecosystem services." *Ambio* 43, no. 4 (2014): 445-453.

Dunec, JoAnne L. "Banking on green: A look at how green infrastructure can save municipalities money and provide economic benefits community-wide." (2012): 62-63.

Kjellstrom, Tord, Sharon Friel, Jane Dixon, Carlos Corvalan, Eva Rehfuess, Diarmid Campbell-Lendrum, Fiona Gore, and Jamie Bartram. "Urban environmental health hazards and health equity." *Journal of urban health* 84, no. 1 (2007): 86-97.

Lennon, Michael, Scott, Mark and O'Neill, Eoin 2014. "Urban design and adapting to flood risk: therole of green infrastructure." *Journal of Urban Design* 19 (5) , pp. 745-758.

Liu, Wen, Weiping Chen, and Chi Peng. "Assessing the effectiveness of green infrastructures on urban flooding reduction: A community scale study." *Ecological Modelling* 291 (2014): 6-14.

Lovell, Sarah Taylor, and John R. Taylor. "Supplying urban ecosystem services through multifunctional green infrastructure in the United States." Landscape ecology 28, no. 8 (2013): 1447-1463.

Pitt, Robert. "Small storm hydrology and why it is important for the design of stormwater control practices." *Advances in modeling the management of stormwater impacts* 7 (1999): 61-91.

Ruckelshaus, Mary H., Gregory Guannel, Katherine Arkema, Gregory Verutes, Robert Griffin, Anne Guerry, Jess Silver, Joe Faries, Jorge Brenner, and Amy Rosenthal. "Evaluating the benefits of green infrastructure for coastal areas: Location, location, location." *Coastal Management* 44, no. 5 (2016): 504-516.

3 雨洪街道

雨洪街道的类型

Anderson, Sarah, and Holly Piza. *Ultra-Urban Green Infrastructure Guidelines*. The City and County of Denver Public Works (2015).

Boston Complete Streets Design Guide. Boston Transportation Department, Boston, MA: 2013.

Chicago Department of Transportation. *Complete Streets Chicago: Design Guidelines*. City of Chicago, IL: 2013.

Deakin, Elizabeth, and Christopher Porter. "Transportation Impacts of Smart Growth and Comprehensive Planning Initiatives." (2004).

Despins, Chris, Robb Lukes, Kyle Vander Linden, Phil James, Christine Zimmer, and Tyler Babony. *Grey to Green Road Retrofits*. Credit Valley Conservation (2013).

Green Infrastructure and Climate Change: Collaborating to Improve Community Resiliency, US Environmental Protection Agency (2016).

Hair, Lisa, and Melissa Kramer. City Green: Innovative Green Infrastructure Solutions For Downtowns And Infill Locations. US Environmental Protection Agency, Office of Sustainable Communities (2016).

Hendrickson, Kenneth, Dominique Lueckenhoff, Christopher Kloss, and Tamara Mittman. *Conceptual Green Infrastructure Design in the Point Breeze Neighborhood, City of Pittsburgh*. US Environmental Protection Agency, Green Infrastructure Community Partner Program (2015).

Keane, Tim et al. *Move Atlanta: a Design Guide for Active, Balanced & Complete Streets*. City of Atlanta (2016).

MacAdam, James. *Green Infrastructure for Southwestern Neighborhoods*. Watershed Management Group (2012). Accessed Nov 2016: https://wrrc.arizona.edu/sites/wrrc.arizona.edu/files/WMG_Green%20Infrastructure%20for%20Southwestern%20Neighborhoods.pdf.

City of Philadelphia, *Green Streets Design Manual*. Philadelphia, PA: 2014. Accessed Dec. 2016 (http://www.phillywatersheds.org/img/GSDM/GSDM_FINAL_20140211.pdf)

Phillips, Ann Audrey. *City of Tucson Water Harvesting Guidance Manual* (2005).

Stack, Rebecca C., Greg Hoffmann, and Brian Van Wye. *Stormwater Management Guidebook*. District Department of Transportation, Watershed Protection Division (2013).

Strecker, Eric, Aaron Poresky, Robert Roseen, Jane Soule, Venkat Gummadi, Rajesh Dwivedi, Adam Questad et al. *Volume Reduction of Highway Runoff in Urban Areas: Final Report*.NCHRP Report 802, Project 25-41. 2014.

Trice, Amy. "Daylighting streams: breathing life into urban streams and communities." American Rivers, Washington (2013).

Venner, Marie, Marc Leisenring, Eric Strecker, and Dan Pankani. *Current Practice of Post-Construction Structural Stormwater Control Implementation for Highways*. No. NCHRP 25-25 Task 83. 2013.

4 雨洪要素

绿色雨洪要素

Jeanjean, A. P. R., P. S. Monks, and R. J. Leigh. "Modelling the effectiveness of urban trees and grass on $PM_{2.5}$ reduction via dispersion and deposition at a city scale." *Atmospheric Environment* 147 (2016): 1-10.

"EPA Cool Pavements Compendium." US Environmental Protection Agency, Washington, DC: accessed September 20, 2015. http://www.epa.gov/heatisld/resources/pdf/CoolPavesCompendium.pdf.

McKeand, Tina and Shirley Vaughn. *Stormwater to Street Trees: Engineering Urban Forests for Stormwater Management*. US Environmental Protection Agency, Office of Wetlands, Oceans and Watersheds (2013).

New York City Department of Environmental Protection, *Guidelines for the Design and Construction of Stormwater Management Systems* (2012). Accessed Nov 2016.

绿色基础设施的配置

Portland Bureau of Environmental Services, *City of Portland Stormwater Management Manual* (2016). Accessed Nov 2016.

Portland Bureau of Environmental Services, *Stormwater Curb Extensions Design Manual* (2013). Accessed Nov 2016.

生物滞留设施设计的注意事项

Clapp, J. Casey, H. Dennis P. Ryan III, Richard W. Harper, and David V. Bloniarz. "Rationale for the increased use of conifers as functional green infrastructure: A literature review and synthesis." Arboricultural Journal: The International Journal of Urban Forestry 36, no. 3 (2014): 161-178.

Kondo, Michelle C., Raghav Sharma, Alain F. Plante, Yunwen Yang, and Igor Burstyn. "Elemental concentrations in urban green stormwater infrastructure soils." *Journal of environmental quality* 45, no. 1 (2016): 107-118.

Phillips, Tom, Peg Staeheli, Bruce Meyers, Dick Lilly, NancyEllen Regier, and Anthony Harris, *Seattle's Natural Drainage Systems.* Seattle Public Utilities (2013).

Montgomery, James A., Christie A. Klimas, Joseph Arcus, Christian DeKnock, Kathryn Rico, Yarency Rodriguez, Katherine Vollrath, Ellen Webb, and Allison Williams. "Soil quality assessment is a necessary first step for designing urban green infrastructure." *Journal of environmental quality* 45, no. 1 (2016): 18-25.

5 合作与绩效

政策、项目和合作

Dunn, A.D., 2010. *Siting green infrastructure: legal and policy solutions to alleviate urban poverty and promote healthy communities.* Boston College Environmental Affairs Law Review, 37.

Green Stormwater Infrastructure in Seattle: Implementation Strategy 2015-2020. City of Seattle (2015).

Green Stormwater Infrastructure Maintenance Manual. City of Austin, Department of Watershed Protection (2016).

Hall, Abby. "Green infrastructure case studies: municipal policies for managing stormwater with Green Infrastructure." Retrieved from United States Environmental Protection Agency: http://rfcd. pima. gov/pdd/lid/pdfs/40-usepa-gi-casestudies-2010. pdf (2010).

Philadelphia Water Department, *Green Stormwater Infrastructure Maintenance Manual.* Philadelphia, PA: 2014.

性能评估

Econsult Solutions, *The Economic Impact of Green City, Clean Waters* (2016).

Gill, Susannah E., John F. Handley, A. Roland Ennos, and Stephan Pauleit. "Adapting cities for climate change: the role of the green infrastructure." *Built environment* 33, no. 1 (2007): 115-133.

Gómez-Baggethun, Erik, Åsa Gren, David N. Barton, Johannes Langemeyer, Timon McPhearson, Patrick O'Farrell, Erik Andersson, Zoé Hamstead, and Peleg Kremer. "Urban ecosystem services." In *Urbanization, biodiversity and ecosystem services: Challenges and opportunities*, pp. 175-251. Springer Netherlands, 2013.

Hanley, Michael E., and Dave Goulson. "Introduced weeds pollinated by introduced bees: Cause or effect?." Weed Biology and Management 3, no. 4 (2003): 204-212.

Houston, Douglas, Jun Wu, Paul Ong, and Arthur Winer. "Structural disparities of urban traffic in southern California: Implications for vehicle-related air pollution exposure in minority and high-poverty neighborhoods." *Journal of Urban Affairs* 26, no. 5 (2004): 565-592.

Jones, Matthew, and John McLaughlin. Green Infrastructure in *New York City: Three Years of Pilot Implementation and Post-Construction Monitoring* (2015).

Landscape Architecture Foundation. "Landscape Performance Series." Accessed Dec. 2016 (http://landscapeperformance.org/).

Lee, Andrew CK, and R. Maheswaran. "The health benefits of urban green spaces: a review of the evidence." Journal of public health 33, no. 2 (2011): 212-222.

New York City Department of Transportation, *The Economic Benefits of Sustainable Streets.* New York City, NY: 2013.

Vanderwarker, Amy. "Water and Environmental Justice." *A Twenty-First Century US Water Policy* (2012): 52.

致　谢

项目指导委员会

ATLANTA, GA

Andrew Walter, RLA, Atlanta Department of Public Works
Cory Rayburn, CPESC, CFM, Atlanta Department of Watershed Management

AUSTIN, TX

Tom Franke, EIT, Austin Watershed Protection Department

BURLINGTON, VT

Megan Moir, Burlington Public Works Department

CAMBRIDGE, MA

Catherine Daly Woodbury, Cambridge Department of Public Works

CHARLOTTE, NC

Johanna Quinn, Charlotte Department of Transportation

CHATTANOOGA, TN

Mark Heinzer, PE, LEED AP, CPESC, CMS4S, City of Chattanooga
Greg Herold, Chattanooga Transportation Department
Cortney Geary, Chattanooga-Hamilton County Transportation Planning Organization

CHICAGO, IL

Hannah Higgins, ASLA, Chicago Department of Transportation
Dave Seglin, Chicago Department of Transportation

DENVER, CO

Sarah Anderson, City and County of Denver Public Works Department
Holly Piza, PE, Urban Drainage and Flood Control District

DETROIT, MI

Janet Attarian, Detroit Planning & Development Department

EL PASO, TX

Fred Lopez, AICP, CNU-A, El Paso Capital Improvement Department
James Fisk, AICP, CNU-A, El Paso Capital Improvement Department
Nicole Ferrini, LEED AP BD+C, CNU-A, El Paso Office of Resilience & Sustainability
Lauren Baldwin, LEED-GA, El Paso Office of Resilience & Sustainability
Jenny Hernandez, El Paso Office of Resilience & Sustainability

FORT LAUDERDALE, FL

Alia Awwad, Fort Lauderdale Transportation & Mobility Department
Elkin Diaz, MBA, PE, PMP, LEED-GA, Fort Lauderdale Public Works Department

HOUSTON, TX

Rod Pinheiro, Houston Department of Public Works and Engineering

INDIANAPOLIS, IN

Rachel Wilson, PE, Indianapolis Department of Public Works

LOS ANGELES, CA

Deborah Deets, RLA, Los Angeles Bureau of Sanitation
Valerie Watson, Los Angeles Department of Transportation

LOUISVILLE, KY

Jordan A. Basham, Louisville Metropolitan Sewer District
Dirk L. Gowin, PE, PLS, PTOE, Louisville Metro Public Works

MINNEAPOLIS, MN

Paul Hudalla, PE, CFM, Minneapolis Public Works
Department
Rebecca Hughes, Minneapolis Department of Community
Planning and Economic Development
Lacy Shelby, Minneapolis Department of Community Planning
and Economic Development、

NEW YORK, NY

Erin Cuddihy, NYC Department of Transportation
Danielle DeOrsey, NYC Department of Transportation
Neil Gagliardi, NYC Department of Transportation
Derick Tonning, NYC Department of Environmental Protection

PALO ALTO, CA

Shahla Yazdy, Palo Alto Planning and Community
Environment Department, Transportation Division
Brad Eggleston, Palo Alto Department of Public Works

PHILADELPHIA, PA

Ariel Ben-Amos, Philadelphia Water Department
Elizabeth Anne Lutes, EIT, Philadelphia Water Department

PITTSBURGH, PA

Katherine Camp, Pittsburgh Water and Sewer Authority
Joshua Lippert, Pittsburgh Department of City Planning
Megan Zeigler, Pittsburgh Water and Sewer Authority

PORTLAND, OR

Nicole Blanchard, PE, Portland Bureau of Transportation
Ivy Dunlap, RLA, Portland Bureau of Environmental Services
Kate Hibschman, RLA, Portland Bureau of Environmental
Services

SAN DIEGO, CA

Eric Mosolgo, San Diego Transportation and Storm Water
Department

SAN FRANCISCO, CA

Mike Adamow, San Francisco Public Utilities Commission
John Dennis, PLA, San Francisco Department of Public
Works
Robin Welter, RLA, San Francisco Department of Public
Works

SALT LAKE CITY, UT

Jason Draper, PE, CFM, Salt Lake City Public Utilities
Lani Kai Eggertsen-Goff, MS, AICP, Salt Lake City
Department of Community and Neighborhoods, Engineering
Division
Alexis Verson, Salt Lake City Department of Community and
Neighborhoods, Transportation Division

SAN JOSÉ, CA

Ralph Mize, City of San José

SEATTLE, WA

Shanti Colwell, PE, Seattle Public Utilities
Susan McLaughlin, Seattle Department of Transportation

VANCOUVER, WA

Jennifer Campos, Vancouver Community and Economic
Development Department
Patrick Sweeney, City of Vancouver

VENTURA, CA

Tom Mericle, PE, TE, Ventura Public Works Department

WASHINGTON, DC

Meredith Upchurch, District Department of Transportation

WEST HOLLYWOOD, CA

Robyn Eason, West Hollywood Community Development
Department
Walter Davis, West Hollywood Community Development
Department

参与人员

Shanti Colwell, PE, Seattle Public Utilities

Susan McLaughlin, Seattle Department of Transportation

Lacy Shelby, Minneapolis Department of Community Planning
and Economic Development

Ariel Ben-Amos, Philadelphia Water Department

顾问团队

Peg Staeheli, PLA, FASLA, LEED AP, MIG | SvR

Kathryn Gwilym, PE, LEED AP, MIG | SvR

Amalia Leighton, PE, AICP, MIG | SvR

Nathan Polanski, PE, MIG | SvR

技术审查小组

Michelle Adams, PE, Meliora Environmental Design

Scott Struck, Ph.D., Geosyntec Consultants

Neil Weinstein, PE, Low Impact Development Center

Jason Wright, PE, Tetra Tech

合作机构

American Society of Civil Engineers

Island Press

Seattle Public Utilities

Summit Foundation

图片版权

Atlanta Dept. of Public Works & Dept. of Watershed Management: 106 - 107 (all)

Ben Baldwin: 113 (boarding island, Portland)

Nicole Blanchard: 113 (bus bulb, SE Division St)

Cambridge Department of Public Works: 129 (Larch St); 130 (splash pad)

CannonCorp Engineering: 023 (21st Street)

Adams Carroll (Flickr user): 053 (28th-31st Ave Connector)

Center for Neighborhood Technology: 133 (Aurora, IL)

Chicago Department of Transportation: 066 - 067(all Argyle Street); 079 (Cermak public realm & bike lane pavers); 162(Greencorps)

Christopher Burke Engineering: 020 (Lawrence St)

Shanti Colwell: 016(green bump-out); 059 (residential swale); 097 (bioretention swale); 135 (flowers)

Delaware River Waterfront: 087 (Penn Street Trail, before & after)

Jym Dyer: 043 (Oak Street bikeway planter, Fell Street planter, and Fell Street fence)

Kate Fillin–Yeh: 085(47th & Euclid); 093 (informational sign)

Nathaniel Fink: 105(Western Ave)

Joe Gilpin: 031 (Tuscon); 135 (xeriscape)

Chris Hamby: 034 (New York)

Greg Herold: 074 -075(all Johnson St)

Infrogmation (Flickr user): 027 (St. Charles Avenue)

Los Angeles Department of Sanitation: 030- 031 (all images, with Cal Poly-Pomona); 073 (green alley); 082 - 083 (all Ed P Reyes River Greenway)

Louisville MSD: 102 (Story Ave)

Tom Mericle: 103 (porous parking lane); 128 (curb cut)

MetroTransit: 036 (University Avenue)

MIG | SvR: 117 (21st Street median); 126 (all Seattle inlets); 135 (Seattle & Kansas City presettlements)

Mike Nakamura: 015 (Vine Street); 088 (Yale Ave N); 80 (seating); 095 (Boren Ave N); 127 (covered inlets); 139 (Yale Ave N)

Nashville MPO: 052- 053 (28th-31st Avenue Connector & transit shelter)

New York City Department of Environmental Protection: 093(stone forebay); 123 (depressed curb); 142 - 143 (all); 156 (monitoring); 159 (Green Infrastructure map)

New York City Parks & Recreation Department: 158 (NYC tree map)

New York City Department of Transportation: 017 (Allen Street transformation); 113(planters behind boarding platform)

Philadelphia Water Department: 010 (Fairmount Avenue & N 3rd Street); 086 - 087(all Washington Ln & Stenton Ave, Trenton & Norris); 093(planter step-out); 105 (Percy St); 95 (bump-out); 136 (Schuylkill River Park); 150(maintenance); 158(greened acre)

City of Phoenix: 163 (heat island map)

Portland Bureau of Transportation: 122 (SE Tacoma Ave); 129 (SE Tacoma Ave & concrete apron); 156 (SW Montgomery St)

Portland Metro: 057 (all); 099 (SE Division St); 159 (green curb extension)

Dan Reed: 109 (Washington, DC); 127 (trenched inlet)

BL Ross: 105 (Indy Cultural Trail)

Sergio Ruiz: 042(Oak Street, primary photo)

Julianne Sabula: 027 (Sugar House Streetcar)

San Francisco Public Utilities Commission: 043 (Fell St planter & crosswalk); 091 (Newcomb Ave); 160 (Newcomb Ave)

Seattle Public Utilities: 060- 061 (all); 070 - 071 (all); 097(swale); 135 (tall grasses)

Lacy Shelby: 097 (grass swale); 133 (Austin presettlement structure)

TriMet: 039 (SW Lincoln Ave)

Edward Tuene (via Wikimedia Commons): 157 (butterfly on milkweed)

Steven Vance: 078 (Cermak St), 079 (solar/wind collection)

Aaron Villere: 056(SE Division St), 111 (SE Division St); 130(Tilikum Crossing); 133 (Portland); 135 (sedum)

Cherie Walkowiak, Safe Mountain View: 116 (Rosemead Blvd); 111 (Palo Alto)

Eric Wheeler: 027 (University Avenue); 035 (University Avenue, St. Paul); 047 - 049 (all); 153 (Washington Avenue)